米莱知识宇宙

画给孩子的编程书

米莱童书 著 / 绘

北京理工大学出版社
BEIJING INSTITUTE OF TECHNOLOGY PRESS

推荐序

计算机是什么时候诞生的？怎样的设备才能叫计算机？当你思考这些问题的时候，就会发现计算机其实已经“无处不在”了！在不到一百年的时间里，计算机科学生根发芽，迅速地长成了根深叶茂的大树，深深扎根于人类社会的生产和生活当中。它稳固而有力，既为人们的日常生活提供了极致的便利，也推进着社会的自动化和智能化，更为科学家的极限探索提供了不可或缺的帮助。

人类想要走得更远，计算机是离不开的帮手。好好地认识这个帮手，对于小朋友的未来极有帮助。

《启航吧，知识号：画给孩子的编程书》将带领孩子们一起探索这棵大树，让可爱有趣的主人公为我们一点点展现奇妙的计算机世界。它们既介绍计算机基础知识，也直击纳米芯片、5G、大数据、量子计算机等当前热点，将大众印象中非常高深和枯燥的理论轻松、有趣地表达出来，用寓教于乐的方式加深小朋友对于计算机的整体认识。

希望这本书能真正激发小读者对于计算机科学的兴趣，为我国在这一领域进一步迅猛发展提供人才动力！

郑纬民
中国工程院院士

目录

奇妙的编程

目录

软件为你服务

万物互联

目录

未来新世界

01
奇妙的编程
IT'S COMPUTER

程序里的捣蛋鬼
嘿嘿，找不到我吧？
三天了，这个 bug 到底在哪里？

我是小巴！英文名 bug，就是程序中的错误和漏洞！
程序员最想抓到的就是我啦！

哎呀，这里被你弄得好乱！
这位是程先生——也就是编好的程序，是人类和计算机沟通的桥梁。

我们俩是一对好伙伴！
其实我并不想跟你做伙伴来着……

那也没办法！只要人类还需要编程，就逃不开我！

程序诞生

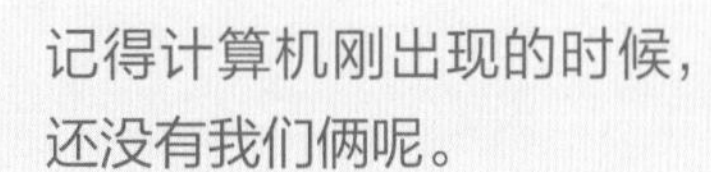
记得计算机刚出现的时候，还没有我们俩呢。

哈哈，对，没有指令存储功能，他们都是现场接电线、调旋钮、按开关。
计算问题改变！调整电路！

后来有了可存储的计算机，人们使用穿孔卡输入指令和数据。

有孔就是 1，没孔就是 0，机器识别起来很快。
0 1 0 1 0 0 1 1 0 1 0 0
1 0 1 1 0 1 0 0 1 0 1 1

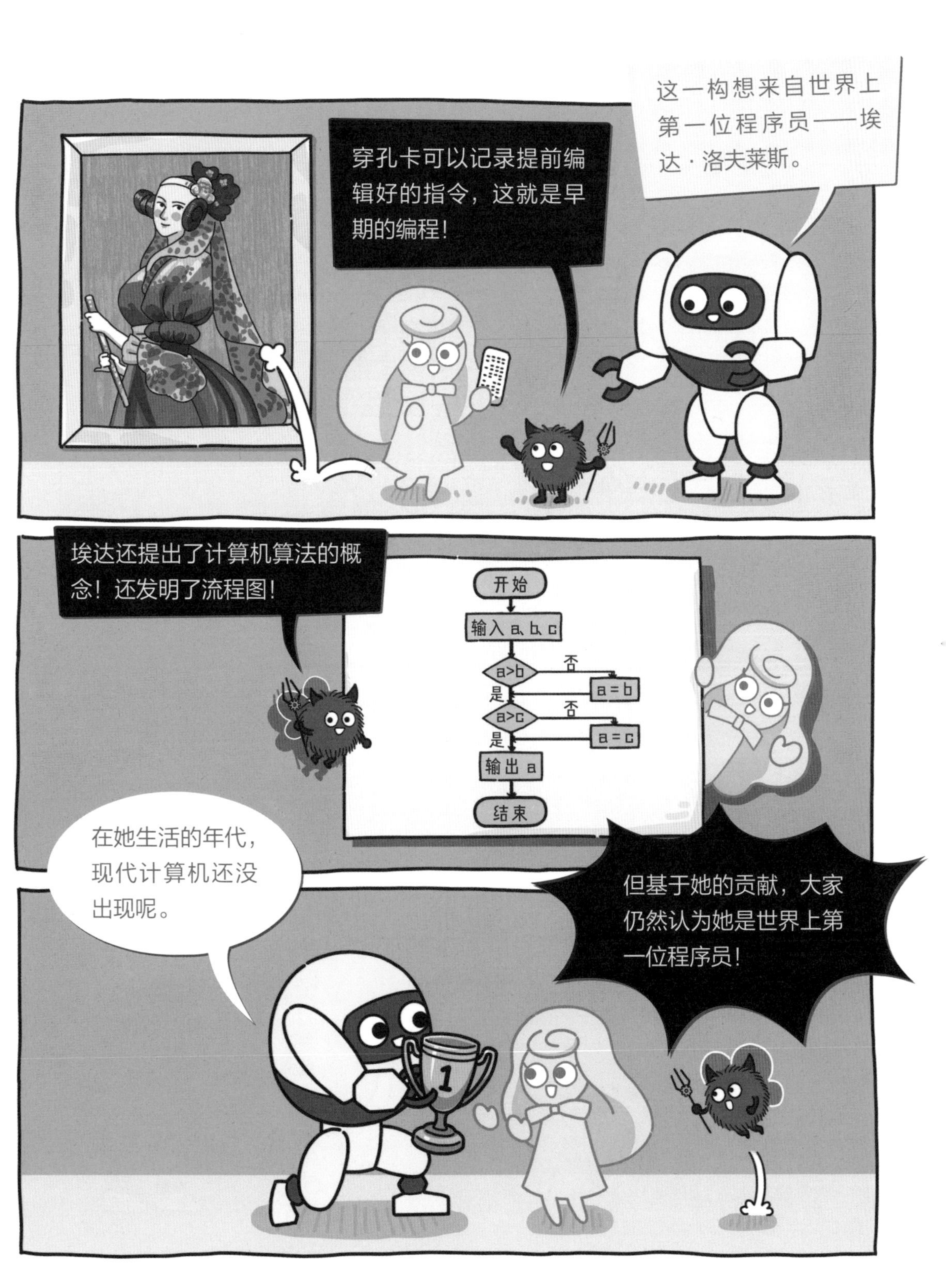

穿孔卡可以记录提前编辑好的指令，这就是早期的编程！
这一构想来自世界上第一位程序员——埃达·洛夫莱斯。
埃达还提出了计算机算法的概念！还发明了流程图！
开始
输入 a、b、c
a>b
否
a = b
是
a>c
否
a = c
是
输出 a
结束
在她生活的年代，现代计算机还没出现呢。
但基于她的贡献，大家仍然认为她是世界上第一位程序员！
1

进化吧，编程！

穿孔卡后来又变成了穿孔纸带。
一样不方便。
这个翻译起来也太慢了！

人们开始使用各种简单符号来简化机器语言，叫作汇编语言。
减法
SUB
加法
ADD
传输数据
MOV
还是要简化一下比较好……

虽然汇编语言有一定的简化效果，但还是不怎么方便。
如果我要输出一句“Hello world”……
Hello world
代码还是一长串！

工作效率有点低！人类还得想想办法！

于是更近似于人类思维的编程语言诞生了。
就是各种高级语言！
高级语言
汇编语言
机器语言
高级语言能诞生，多亏了一位程序员——格雷丝·默里·霍珀，她发明了编译器。

编译器是功能强
大的翻译软件。
预处理器
as1d1as11d2411z1
cd4s11cx1cz4s411
2as4dmfvj2kdm411
44asasc11211s11m
编译器
链接器
不需要难懂又麻烦的机器
语言，编译器会帮你翻译！

data segment ; 数据段
string db 'Hello world!$'
data ends
code segment ; 代码段
assume cs:code,ds:data
start:
mov ax,data ; 获取段基址
mov ds,ax ; 将段基址送入寄存器
mov dx,offset string
mov ah,9
int 21h
mov ah,4ch
int 21h
code ends
end start
用汇编语言输出“Hello world!”
用高级语言输出“Hello world！”
print('Hello world!')
看，汇编语言需要十多行的代码，高级语言一行就能搞定！
后来，代码更容易写了！连小朋友都可以试着编程了！

不同设备使用不一样的汇编语言和机器语言。
有了编译器，同一段代码就可以在多台计算机上运行啦！
as1d1as11d2411z1
cd4s11cx1cz4s411
2as4dmfvj2kdm411
44asasc11211s11m
写好的代码也可以从一个设备移植到另一个设备里！

编程语言大家族

C语言
Python
PHP
C#
Java
程序语言的种类可真是太多了！
不同的应用场景有不同的编程语言嘛！
SQL
SQL
你统计出高级语言的数量了吗？
数不过来了！有好几百种！

第一种通用的高级语言叫 FORTRAN。
FORTRAN
它的名字是“公式翻译”（Formula Translation）英文的缩写。

ax²+bx+c=0
E=mc²
它在数学计算上非常厉害。

在流行的一批编程语言里，寿命最长的是 C 语言！

它已经诞生 50 多年了。

因为它的硬件亲和度高，许多底层操作系统都是用它编写的。

手机 App 使用的是其他编
程语言，比如 Java！
服务器跟客户端
对接的时候也会
使用 Java！
现在人们越来越关
注人工智能啦！
Python
所以跟它相关的 Python
语言热度也在上升。

除了上面这些，主流编程语言还有 C++、JavaScript、PHP、SQL、Rust、Ruby……

还有它！
HTML

可它不算编程语言……
HTML

推荐 人民网 新华网 央视网 日报 中国网 光明网
搜索 博客 穿搭 读书 视频
音频 商城 生鲜 家居 学习
更多
男装 精选 女装 热卖 童装
难道上网能离得开它吗？

的确是离不开……
音乐
HTML 让网页可以添加各种格式的文件。
图片专区
图片专区

计算机编程语言是一个很有活力的大家族！
不断有旧成员退场，新成员加入！
Cobol
Pascal
Kotlin
Java Script
100
C++
Python
Java
C
程序员们没法精通所有语言。
争论哪种编程语言更优秀，也是他们的乐趣。

拼起来的程序

因为程序员们开始结构化编程了，把整个程序划分为一个个单独的问题去解决。

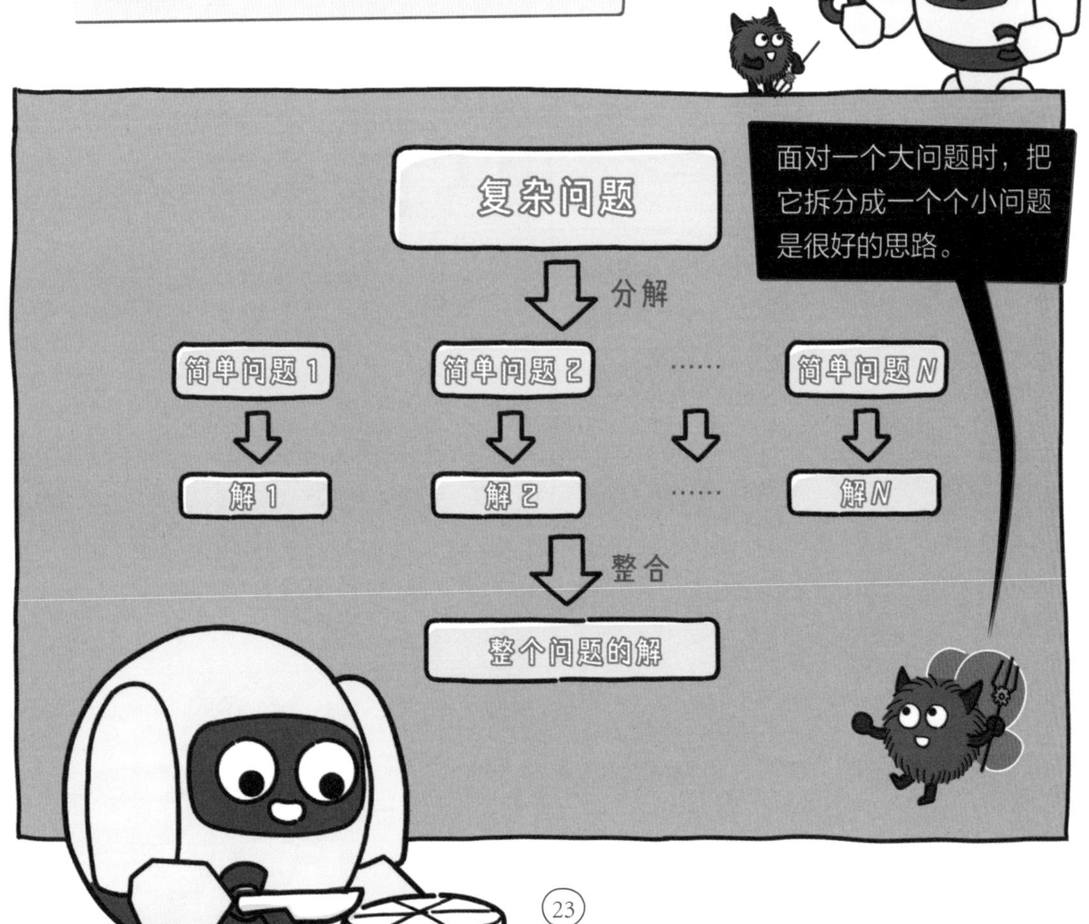

将一个个小问题都解决以后，再把解决方案组合起来。
有点像搭积木！

小朋友在搭积木之前通常会有一个构想。

建筑师和服装设计师还会画出具体的设计图。

程序员们也会画程序的“设计图”！

因为计算机需要程序员告诉它们每一步该做什么。

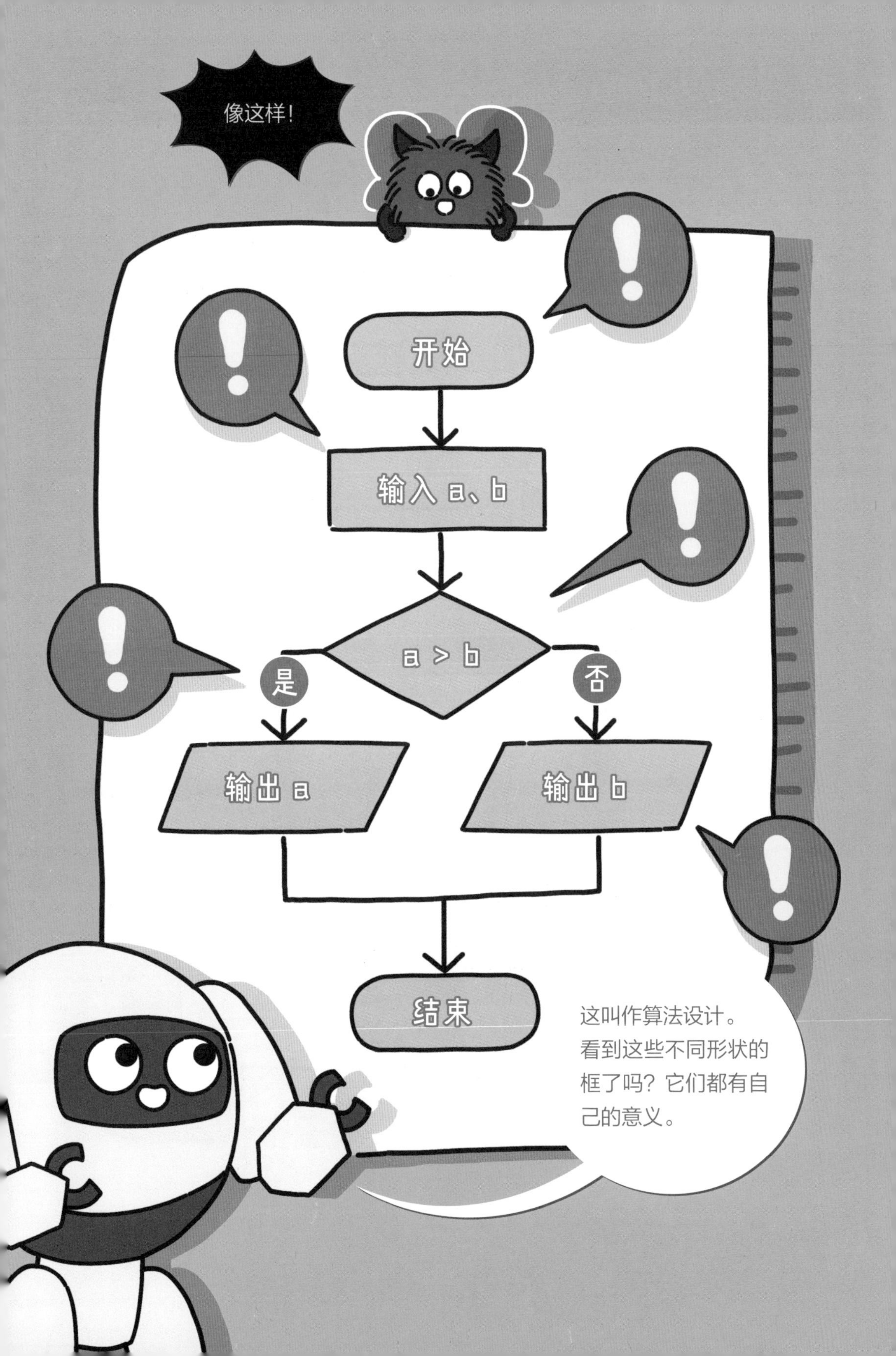
像这样!
开始
输入 a、b
a > b
是
否
输出 a
输出 b
结束
这叫作算法设计。看到这些不同形状的框了吗?它们都有自己的意义。

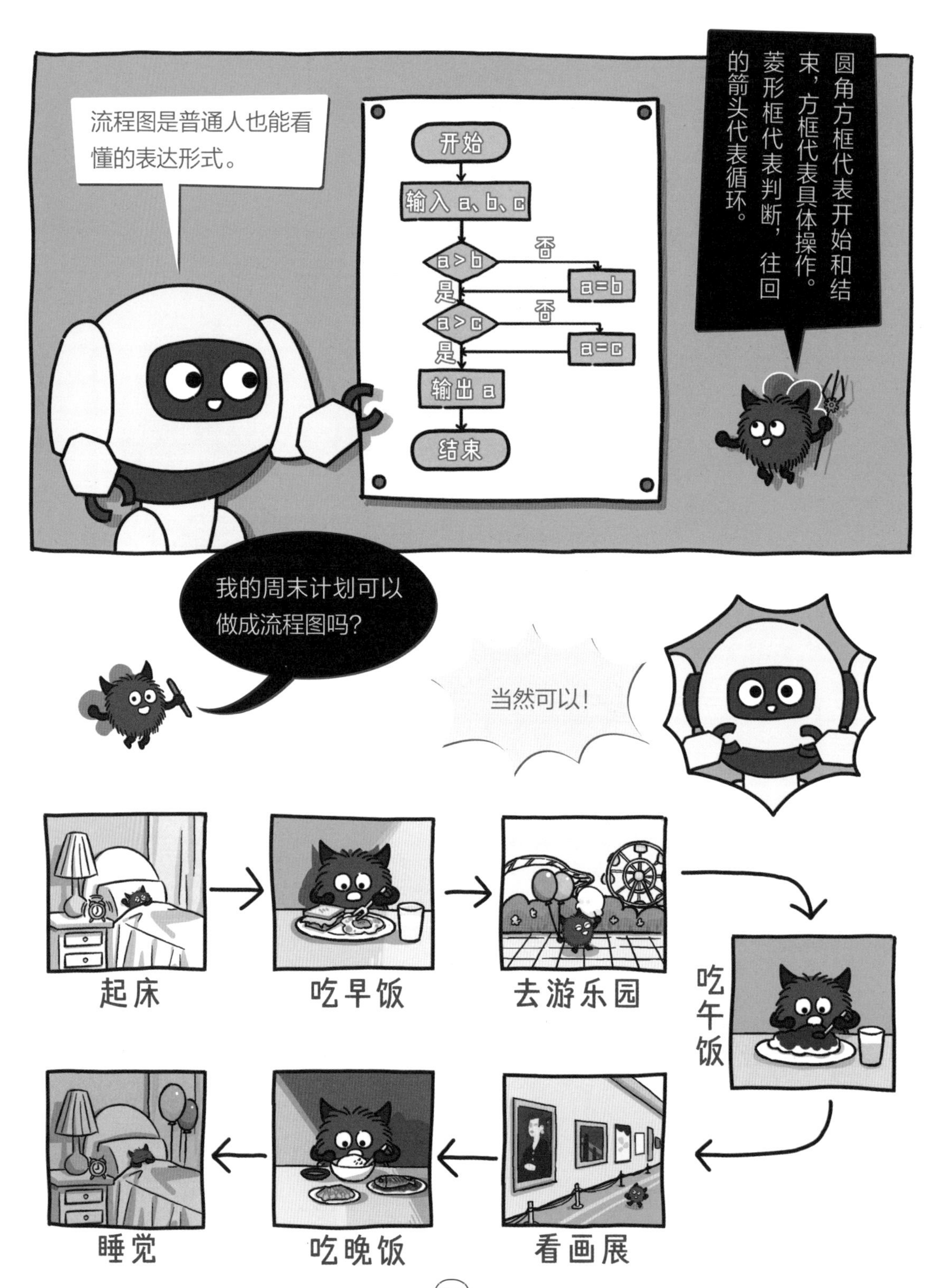
流程图是普通人也能看懂的表达形式。
开始
输入 a、b、c
a > b
否
a=b
是
a > c
否
a=c
是
输出 a
结束
圆角方框代表开始和结束，方框代表具体操作。菱形框代表判断，往回的箭头代表循环。
我的周末计划可以做成流程图吗？
当然可以！
起床
吃早饭
去游乐园
吃午饭
看画展
吃晚饭
睡觉

顺序和选择

顺序很好理解，即做完上一步，再做下一步。
1
2
3
4

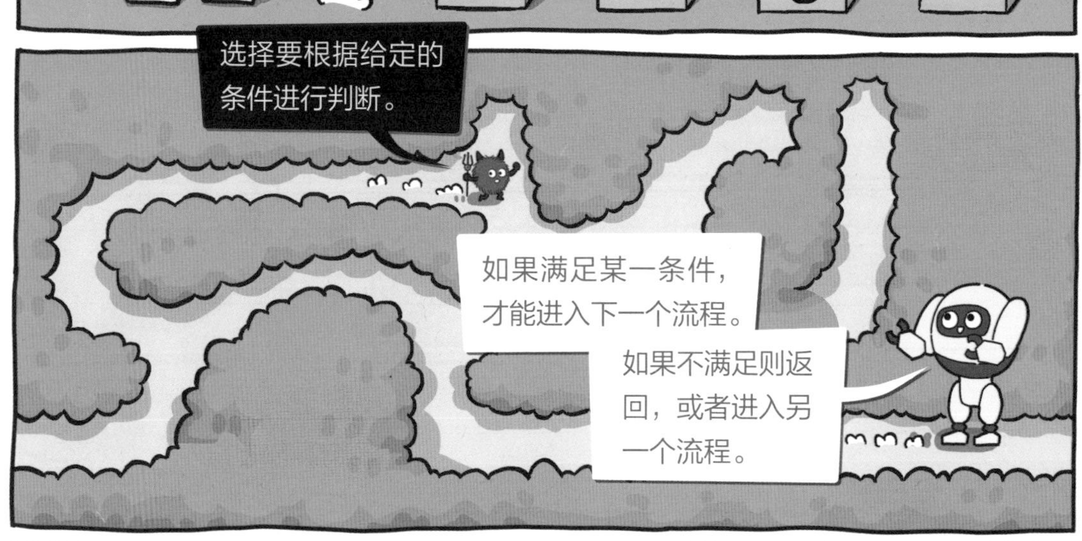
选择要根据给定的条件进行判断。
如果满足某一条件，才能进入下一个流程。
如果不满足则返回，或者进入另一个流程。

今天放假！如果天气好的话，我就去游乐园。

呀，下雨了，不能出门了！

放在流程图里，就是这样的。
不同条件让程序走向了不同的分支。
早上天气好吗?
是
否
出去玩
待在家里
下午天气好吗?
是
否
玩一整天
回家
还可以选择之后再选择!

循环与最终组合

循环则是重复某一动作，
直到满足某种条件。

生活中也有循环，
比如……
啊……肚子饿了！

那么就重复吃东西的过
程，直到饱了为止！
循环需要确定从哪里开
始，重复什么样的动作，
以及结束的条件。

每执行一次操作，
就要进行一次判断。
吃完一口了。
嗯，还没饱！再吃！
一定要有结束条件哦！
不然就会没完没了！
啊，撑死我了！

流程图将整个程序分解成不同的模块，每个模块独立实现一种功能。程序员根据它开始编写代码。
可以按需求将模块进行拼接。

不同的模块可以进行千变万化的组合，就像积木的组合一样！
现在也有像搭积木一样的编程软件，小朋友们可以试一试！

调试

“bug”的说法来自编译器的发明者——格雷丝·霍珀。
那时候的计算机体积很大，一天，有一只真正的虫子钻进去，造成了故障。

她就把程序中的错误和漏洞称为“bug”（虫子），这个称呼很快就流行开来。

排除错误的过程被称为“debug”，也就是调试。
真该谢谢程序员的奇妙幽默感。

有我在的程序一般会出现两种情况。
报错
1+1=888888
无法运行！
出现错误结果！

也许程序员只花了半小时来写代码。
?
×
可让这个代码运行起来却要花两小时！

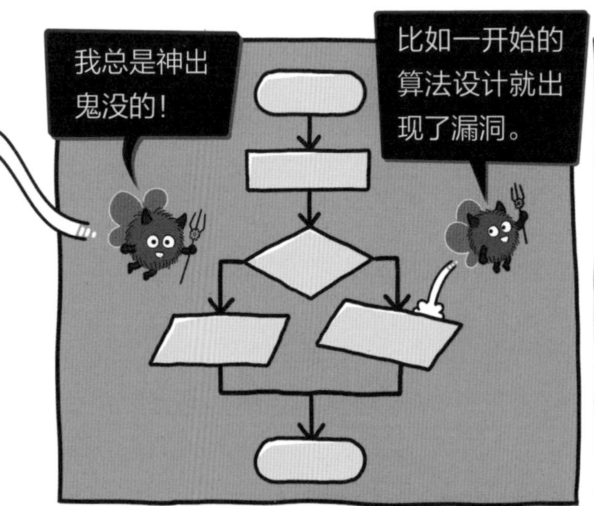
我总是神出
鬼没的！
比如一开始的
算法设计就出
现了漏洞。

!!
或是源代码语
句存在问题。

我也可能出现在
编译过程里！

运行的过程中！
报错

甚至在硬件里！

所以调试很重要，
也很费时间。

程序员会使用专
门的调试软件。

哔！
一段一段地运
行代码，看看
是否正常。

程序发布之前，要经
过反复的测试。
扫描
分段的，整体的！

程序员们

测试一般由专门的程序员团队来完成！
让我找找看，bug在哪里？
测试团队最喜欢抓我了……
编程可不是件简单的事情。
所以需要分工合作！
设计
开发
测试
运维
除了测试团队，还有其他团队！

我们是设计团队，负责分析需求，进行整体设计！

我们是开发团队，用代码实现设计，就像施工一样！

最后是运维团队，他们负责安装和维护。
我们随时待命，排除各种故障！

在不到一百年的时间里，一代又一代的程序员完成了非常伟大的工作。
他们提出了编程的构想并改进编程机制。

C++
Java
Python
发明了各种编程语言。

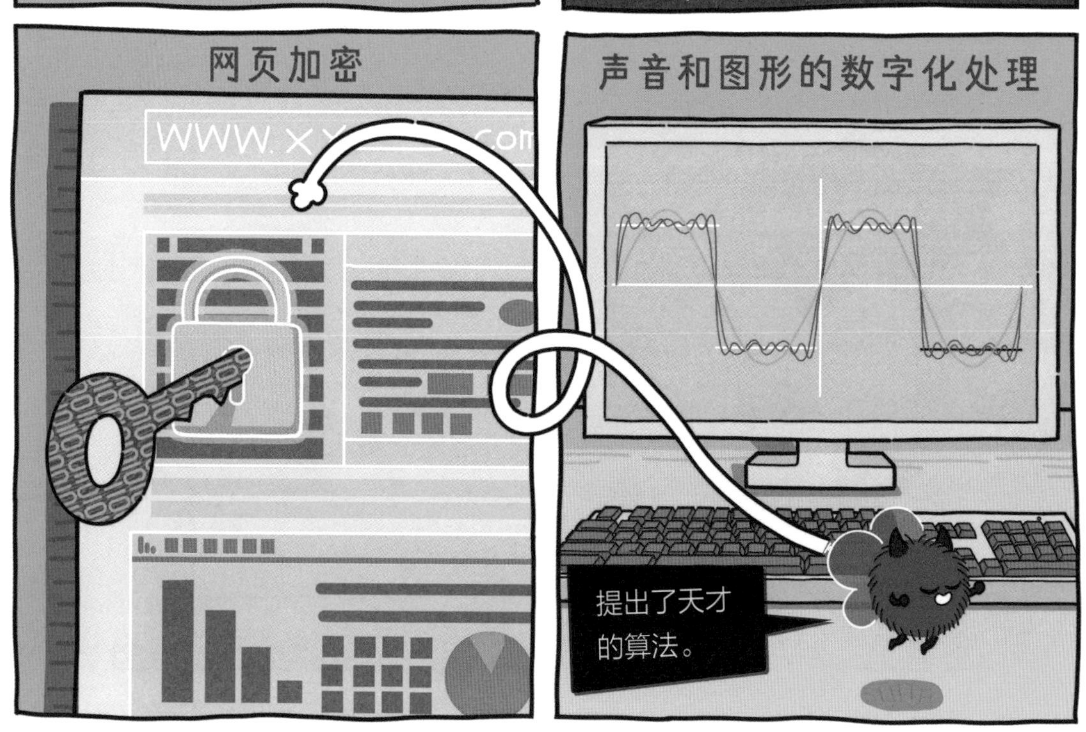
网页加密
声音和图形的数字化处理
提出了天才的算法。

他们贡献了自己的聪明才智，让计算机变得越来越聪明。
立体球形计算
地形监测
功能越来越多！
云
任务也越来越复杂！
当然，在未来很长一段时间里，他们还得一直跟我战斗！

关于编程，还有……

什么是程序员？

程序员就是每天跟程序打交道的人！计算机里运行的各种程序，都要靠他们来创造和维护。程序员们会调侃式地自称“程序猿”或者“码农”（因为要写很多代码）。

什么是编程语言？

编程语言是程序员和计算机的沟通桥梁。程序员把自己的想法用编程语言表达出来，交给计算机执行。

为什么会有 bug？

小朋友写作文时，也会出现错别字、病句或是逻辑不通等问题，甚至还会有完全跑题的情况……常见程序需要编写大量的代码，不可能完全避免 bug 的出现。当然，程序员们也会使用各种辅助工具来降低错误率。

02

软件为你服务

来一场演出吧！

搜索 博客 看一看 书籍 电影
音乐 购物 商城 家居 学习
大家好！我是软件小精灵！今天由我来给你们介绍我身后这些软件小人！
如果让我来形容的话，计算机的运行过程就像一场**交响乐演出**！

在计算机里，看得见、摸得着的组成部件，被称为硬件。
在即将进行的演出里，它们就是乐团里的乐器。

而指挥这些硬件运行的代码、
程序和存储在计算机里的文件
等，则被称为软件。
我们都是非常
高明的乐手！

没有软件，计算机就
无法运行！
就像只有乐器，没有乐手
就无法进行演出！
只有软件和硬件相互配合，在操
作系统的指挥下，才能演奏出美
妙的乐曲，完成精彩的演出！
这就像计算机完成
各种任务的过程。
MAY
1
Ai
Ps
Pr

系统大管家

3月
29
我的软件们都很勤劳，而且有自己的个性。
有些软件一开始工作就会占用大量内存和资源。
都闪开，让一让！
Ps
也有些软件有点“霸道”，会打断其他软件的运行。
我的优先级别高，你先暂停！

这么乱可不行！操作系统，
你赶紧维持一下秩序吧！
大家都安静一下，听我安排！
Pr
Ps
Ai

来来来，要按号码牌的
顺序进行工作哦！
MAY
1

我先！
是我先！
3
4
Ai
别争了，给你们号码牌！
我计算过了，这
顺序最合理。

作为大管家，我的
工作很繁忙。
除了管理软件，还
要迅速反馈人类
的指令。

硬件的工作也需要我来安排。

系统大管家还需要管理各种文件。
C盘：系统
D盘：软件
E盘：资料
F盘：电影
G盘：游戏
看，文件存放得多有条理！
那当然，我可是管理大师！想要什么，我马上就能给你找出来！
抱歉，内存不足，死机了！
不过，“全能”的操作系统偶尔也有掉链子的时候。
系统错误
怎么还不动？该我了！
一般重启一下就能解决啦！

改变世界的窗

大多数时候，我们感觉不到操作系统的存在——它通常呈现为桌面形态。比如常用的Windows 操作系统。

早前的操作系统 DOS 可不是点点鼠标就能运行的，你需要输入长串的指令，而且一次只能运行一个程序。
这也太慢了！哎呀，指令又输错了！急死我了！
DOS
Turbo C
CCED
WPS
Fox Pro
CXDOS
SEA
Fox Base
QBASIC
Auto CAD
都等着吧，文件还没存完呢！
后来出现了可以同时运行多个软件的 Windows 操作系统，一推出就大受欢迎。
我操作简便，效率又高，一直是最流行的个人台式机操作系统！
3月
29

常见的操作系统
还有 Linux。
它非常受计算机专业人士喜爱！
Linux

Linux
程序员们用它来运行服务器。

管理数据库。
Linux

开发新程序。
Linux

Linux
架构网络。

Linux 还催生了另一种操作系统——就是现在手机上大量使用的 Android，中文名为安卓。
Linux
Android

我年纪还小，但是成长很快！
Android
2007
如今它正在几十亿台移动设备上辛勤工作着。

当然，操作系统不止这些。
iOS
UNIX
Linux
Android

应用软件
操作系统
硬件
不管哪种操作系统，都是用户、硬件和应用软件之间的沟通桥梁。

无论你使用什么应用软件，一定都需要一个操作系统！
Ps

买一个新玩具

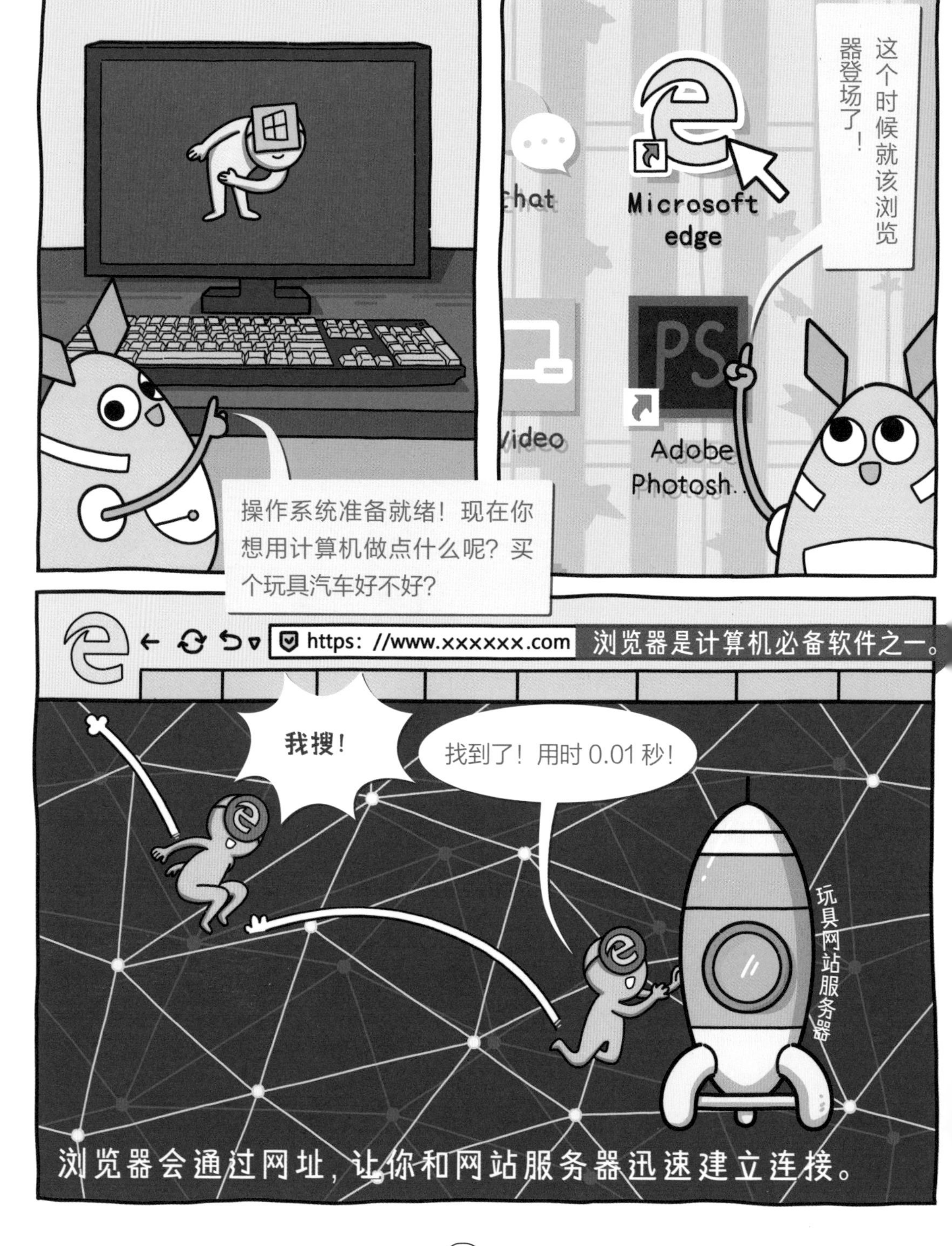

操作系统准备就绪！现在你想用计算机做点什么呢？买个玩具汽车好不好？
这个时候就该浏览器登场了！
chat
Microsoft edge
Video
Adobe Photosh...
https://www.xxxxxx.com
浏览器是计算机必备软件之一。
我搜！
找到了！用时 0.01 秒！
玩具网站服务器
浏览器会通过网址，让你和网站服务器迅速建立连接。

然后我会把服务器里的各种精彩有趣的内容“拉”到你的计算机上！
玩具车旗舰店
儿童汽车越野车超大号充电赛车
价格：¥158.00-214.00
本店活动 满99减5元
运费 快递：¥12.00
月销量1000＋
好评999
积分99起
颜色分类
套餐类型
一块电池＋送螺丝刀＋遥控电池
两块电池＋送螺丝刀＋遥控电池
三块电池＋送螺丝刀＋遥控电池
四块电池＋送螺丝刀＋遥控电池
数量 1 件 库存999件
分期付款
¥53.8起X3期（含手续费）
¥26.9起X6期（含手续费）
¥13.45起X12期（含手续费）
立即购买
加入购物车
看了又看
收藏本商品
现在你就可以下单购买新的玩具汽车啦！

蛋糕店的秘密

不过，做一个奶油蛋糕就需要用到很多原材料和工具了。
奶油蛋糕制作原材料和工具
原材料：
面粉
鸡蛋
黄油
糖
泡打粉
奶油
水果
工具：
打蛋器
刮刀
模具
烤箱

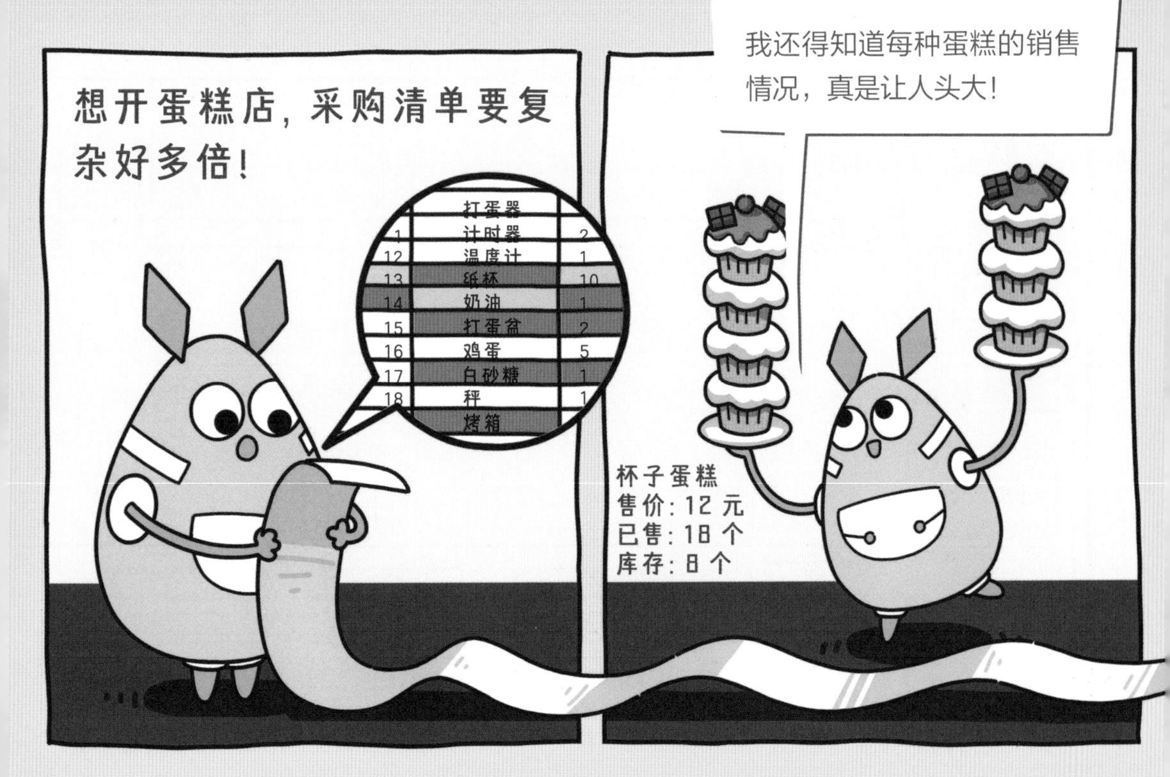
想开蛋糕店，采购清单要复杂好多倍！
打蛋器
1 计时器 2
12 温度计 1
13 纸杯 10
14 奶油 1
15 打蛋盆 2
16 鸡蛋 5
17 白砂糖 1
18 秤 1
烤箱
我还得知道每种蛋糕的销售情况，真是让人头大！
杯子蛋糕
售价：12 元
已售：18 个
库存：8 个

这时候手写可不方便！我需要一个“超级系统”！

ERP
我就是“超级系统”！我能记下所有采购、生产、销售和库存数据！
还有店面和店员信息、水电使用情况等，还有今天赚了多少钱！

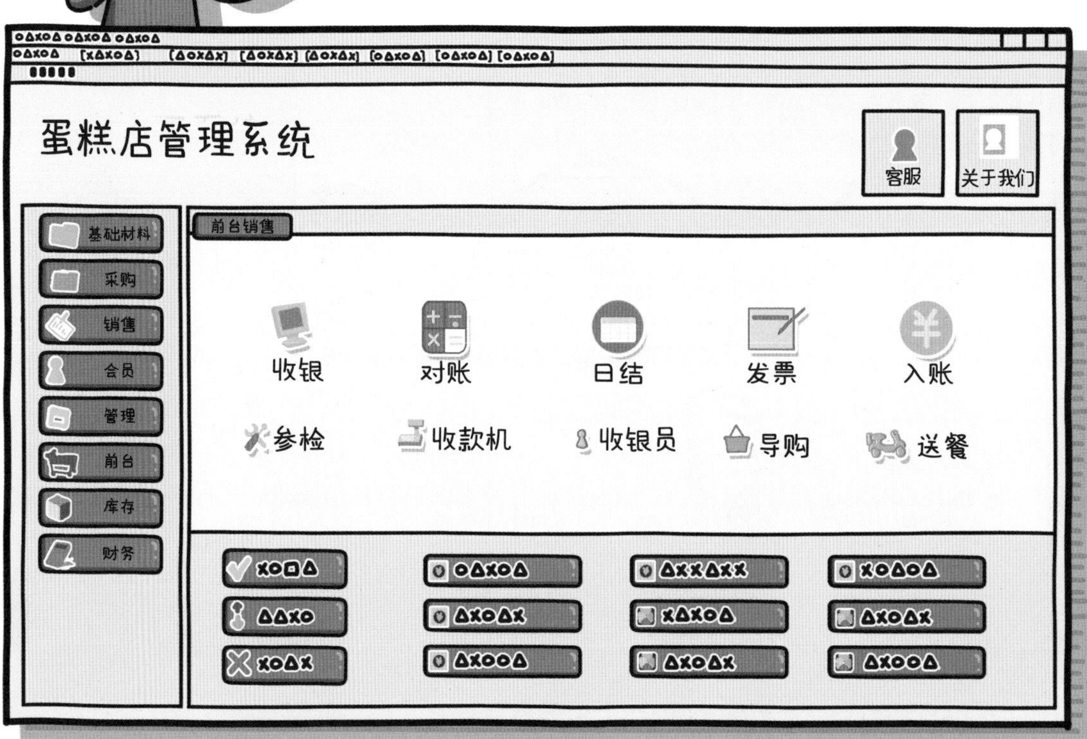
蛋糕店管理系统
客服
关于我们
基础材料
采购
销售
会员
管理
前台
库存
财务
前台销售
收银
对账
日结
发票
入账
参检
收款机
收银员
导购
送餐

这个超级系统被称为 ERP 系统——一个记录、管理企业各项资源的信息系统。
用它的当然不只蛋糕店。
财务管理
样板管理
订单管理
生产管理
采购管理
仓库管理
分销管理
外贸管理
ERP
不管是上万人的大企业，还是小小的杂货铺，都可以使用我。
ERP
上班族经常要接触我！

职场明星

除了 ERP 系统，上班族还会使用这些软件。
Office

小朋友应该也见过它们。课堂上，老师会用 PPT 来讲课。

数学练习题
爸爸妈妈也会使用 Word 来给你打印作业。
Excel 可以用来排课表，统计班级数据。

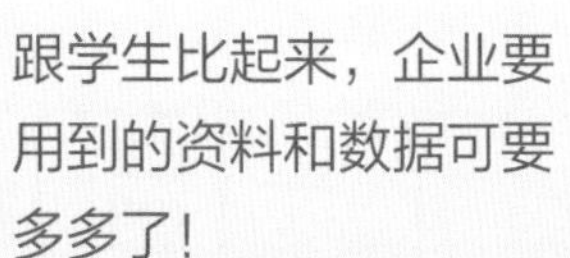
跟学生比起来，企业要用到的资料和数据可要多多了！

办公软件能帮助人们更有条理地存储各种文件。

还能更方便地统计和展示。

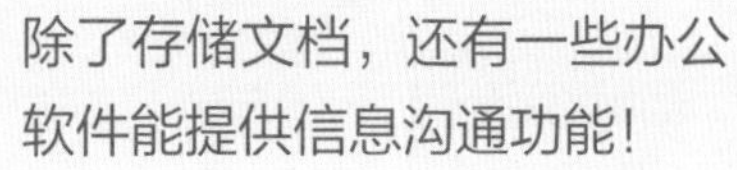
除了存储文档，还有一些办公软件能提供信息沟通功能！

××××小区
多亏了它们，大家不用出门，在家里就可以远程办公。
考勤表
合同
考勤打卡！
视频会议，都交给我！
审批合同！
在日常的工作中，它简化了各种麻烦的流程，提高了大家的沟通效率！

绘画设计小能手

除了这些办公软件，许多行业都有自己的专业软件。
设计师
摄影师
之前你买玩具时，看到的介绍图片就是图形处理软件的工作成果。图形处理软件是摄影师和设计师的好帮手。
Ps
调颜色、加特效，都交给我！

怪兽来袭
Ps
怪兽来袭

它们还能随心组合
各种素材，制作出
超炫的视觉效果！

电影海报、零食和玩具的包装图案，我都能制作！
Ps
茶

长度要精确！
角度要精准！
就像尺子和圆规等作图工具一样可靠！
一些图形软件还承担了各种工业设计工作！在完成这些任务时，它们非常严谨。
它们不光能设计玩具汽车哦！
建筑！
服装！
家具！
我们都能设计！

有一部分图形处理软件还可以设计立体模型，或是设计3D打印模型！
游戏和电影里的3D影像，也是用专门的软件制作的！
我画的恐龙是不是很逼真？嘿嘿！

各行各业好帮手

有专门制作音频的软件。

让音乐出现各种奇妙的变化！
我还可以对音频进行各种组合！
你也可以试着使用手机上的音频制作 App 来创作自己的音乐！

还有视频处理软件！
Pr

网上那些有趣好看的视频，基本上是我们视频编辑软件做出来的！
Pr

剪切、拼贴、加速、特效等，想玩什么花样，我都能满足。
Pr

科研计算有专用软件。
金融分析也有专用软件。
3532
3265
2977
2698

这些专业软件都在帮助人类更高效地完成工作！

X
Pr

畅玩游戏

也可以在手机上和朋友一起方便地玩赛车游戏！

还可以用专门的赛车游戏手柄，更有代入感地玩！

除了赛车游戏，其他游戏也非常有意思。
可以和朋友组队作战！
也可以角色扮演！
甚至可以边游戏边健身！

据统计，全球的游戏玩家已经超过了30亿。
我们为人类提供了丰富的娱乐活动！不比其他的娱乐产品差哦！
GAME

维护工作

玩够了游戏，时间也不早了，该休息了！
不过别急着直接关机！
想要计算机顺畅工作，最好每天维护一下它们！
首先用杀毒软件检查一下有没有什么异常。
千万别让病毒之类的坏家伙混进计算机里。
软件在升级过程中会修复自己的漏洞，增加新的功能！
升级
然后检查一下有哪些软件需要升级。

接下来做一下清理工作！
临时文件
软件在运行过程中会产生许多垃圾数据。不及时清理的话，会拖慢运行速度哦！
及时清理垃圾，明天再打开计算机时，它运行起来就更轻松啦！
正在关机
现在可以关机休息啦！

哇，真是忙碌的一天！

数数看，我们用到了多少种软件！

而这些只不过是各种软件里的一小部分而已。

总之，有什么需求，就有什么软件。一切软件的出现都是为了给人类提供更多的便利！
Ps

关于软件，还有……

操作系统是什么时候出现的？

早期的计算机并不能像现在这样，你敲敲屏幕或点点鼠标就能做出响应。程序员需要把程序和数据预先写在卡片等介质上，再将其整体输入计算机进行处理。为了提高计算机的效率，各大机构都在研发更加便利的操作系统。20世纪70年代左右，有一位程序员为了把自己编写的电脑游戏《星际旅行》移植到其他计算机上，开发了一个全新的操作系统，之后又和同事一起对它进行了完善和优化，这就是后来大名鼎鼎的UNIX操作系统。它凭借优越的性能在之后的二十年里成为操作系统的主流。与主要针对普及型个人电脑的Windows系统不同，UNIX系统针对的是更为专业的大型计算机和服务器等领域，Linux操作系统就是在它的基础上开发出来的。

软件、程序和App是一个东西吗？

“软件”的英文名称是software，是针对“硬件”（英文名称是hardware）这些实物部件而言的概念。程序则是让计算机解决某个问题的指令集合。相比而言，软件更具广泛和综合的意义，它不仅指程序，也包括跟程序相关的数据和文档等。App是英文application（应用）的缩写，主要指安装在智能移动设备上的软件，它也是软件的一个门类。

有什么新出现的操作系统吗？

随着技术的发展，智能设备的形式越来越丰富，数量也越来越多。近年来，我国的华为公司研发了全新的操作系统——鸿蒙，英文名HarmonyOS。它的目标是让智能手机、智能手表、智能电视、笔记本电脑、各种智能家居等设备之间形成更为高效的互联互通关系，打造一个更为流畅和高效的智能生态。

03 万物互联

互联网在哪里？
书店
商店
超市
安全第一
游戏
餐厅
哇，这是谁？
我是互联网超人，是你身边的“大网”！

网？我怎么看不见？

其实空中和地下，都布满了这张网的线，只是人们没有注意到而已。

还有广告屏、摄像头，甚至共享单车的车锁，都是这张网上的节点！
看到这些人手上的手机了吗？

看，人类为了更方便出行，构建了多么复杂的交通网络。
而我呢，就是人类为了信息交流而产生的网络，复杂程度不相上下！
你能通过交通系统去任何想去的地方，而我呢，能连接任何想要连接的人……和设备！
口气可真大。

我能让隔着大洋的两个人面对面通话！

我还能让大气层外的卫星给人提供定位服务！

上网课时，我能连接老师和学生。

购物车
购物时，我能连接商家和顾客。
XXXX
¥111
¥49.9

点外卖、看新闻、打网游，全都离不开我！
新闻
哇，本事这么大！

以光速奔跑

驿
信息传递对于人类来说可是大事！随着技术发展，它的方式一直在升级！
古时候用烽火台和快马驿站。

之后电报被发明出来。

接下来出现了电话。

的确，速度越来越快，节点也越来越密——不过你哪里比电话强呢？
强太多了！要知道，我使用的可是光信号！

以前的电话用金属电缆连接，里面“跑”的是电信号。
听得到吗？
距离远了，信号就变弱了！
喂？喂？
但光纤就不一样了！
这根非常细长的光导纤维利用光的特性，形成全反射现象，把光信号牢牢锁在里面！
使用光纤可以减少信号损失，从而实现超远距离传输！

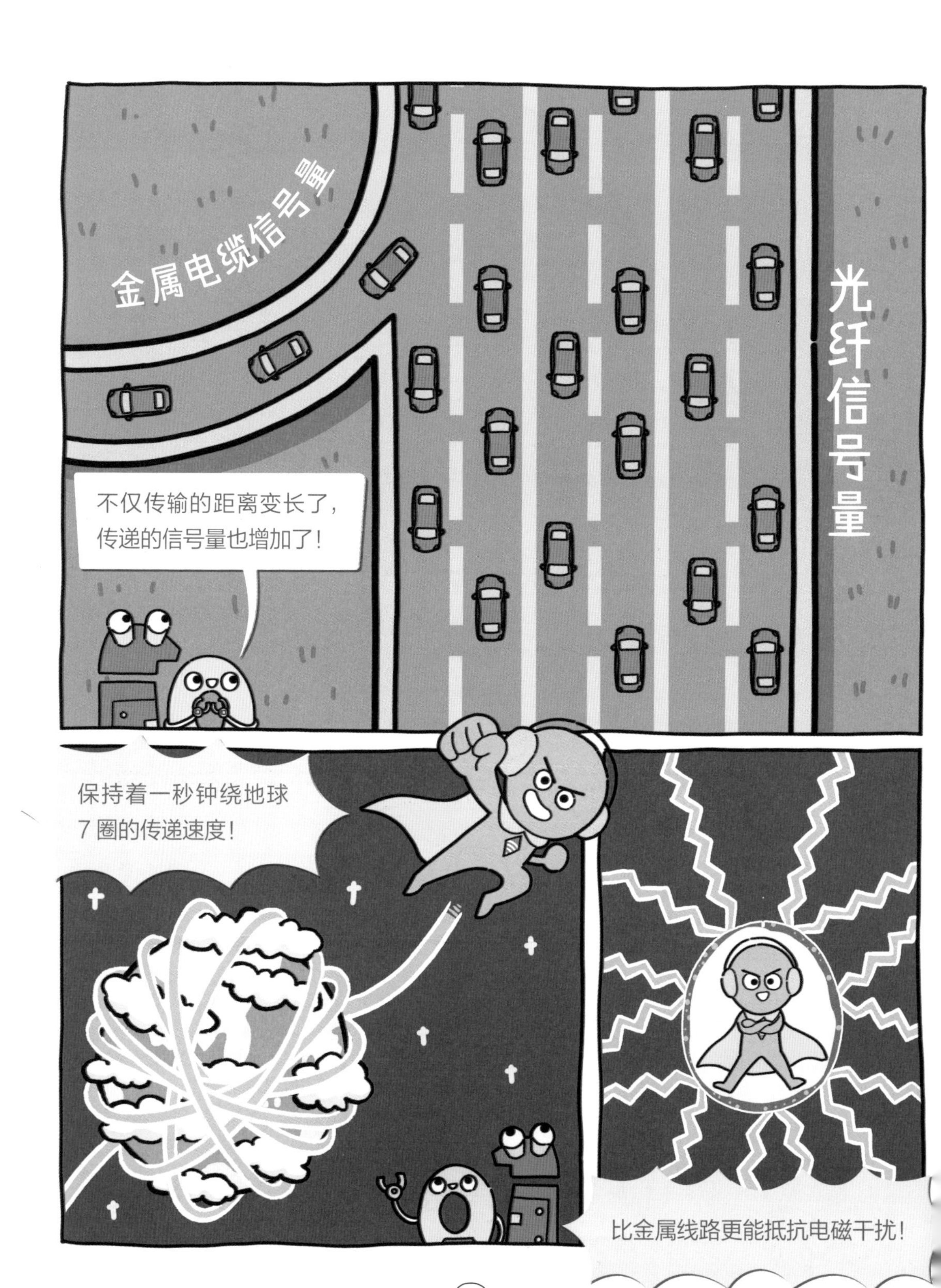
金属电缆信号量
光纤信号量
不仅传输的距离变长了，
传递的信号量也增加了！
保持着一秒钟绕地球
7 圈的传递速度！
比金属线路更能抵抗电磁干扰！

光纤连通了不同的城市，
甚至被铺设到海底以连通
不同的大洲！

藏在波里的互联网

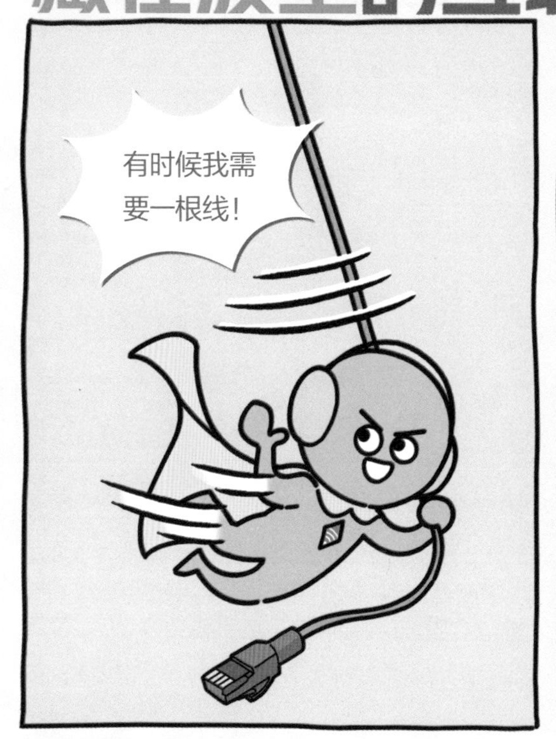

没关系！这时候我就会
用上无线电波！

就像用收音机听广播一样！

完全正确。只要基站覆盖范围内，
手机就可以通过它来联网！

它让人类可以看直播、购物、打游戏，畅享其中！

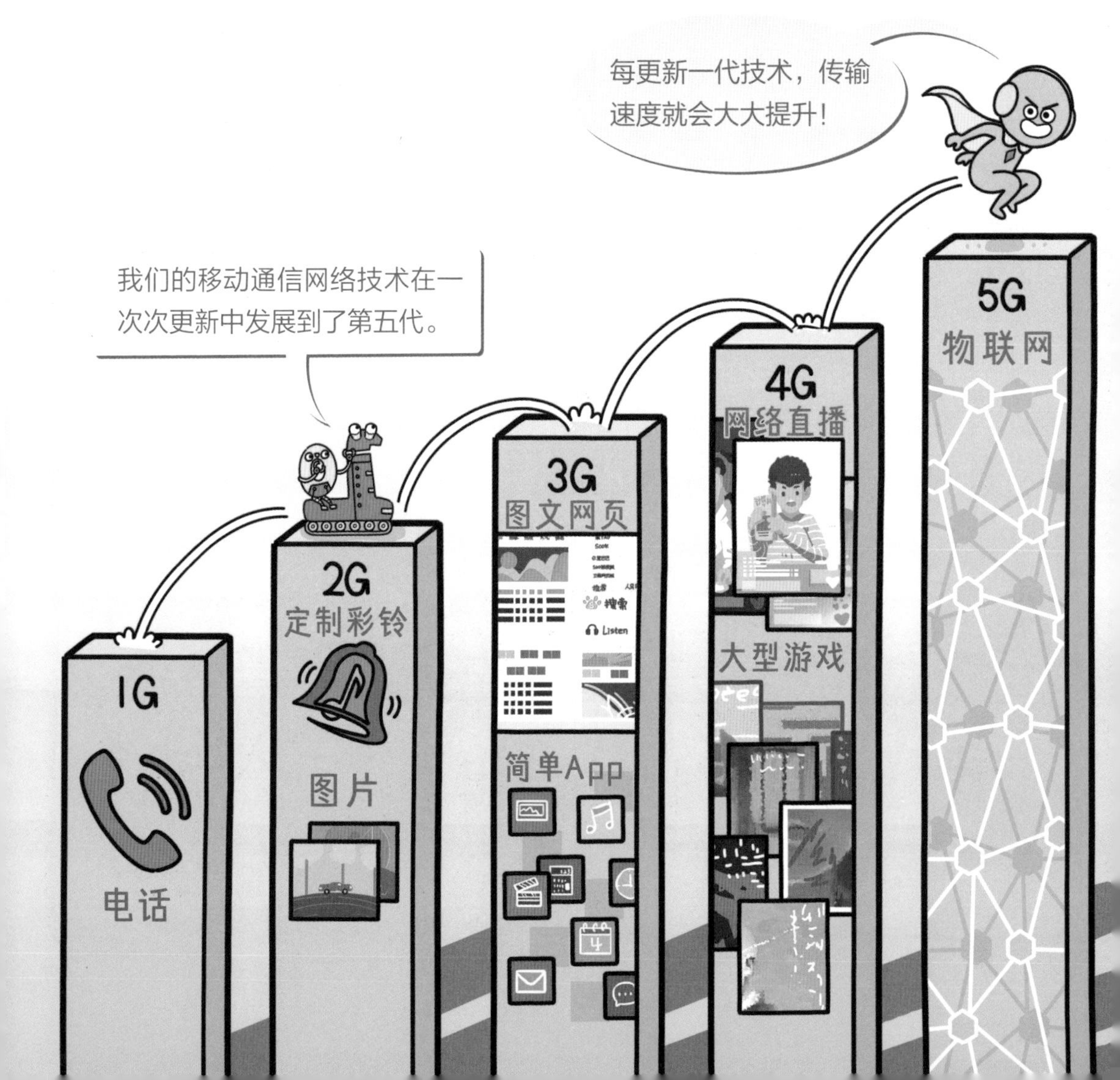
每更新一代技术，传输速度就会大大提升！
我们的移动通信网络技术在一次次更新中发展到了第五代。
1G
电话
2G
定制彩铃
图片
3G
图文网页
简单App
4G
网络直播
大型游戏
5G
物联网

使用无线电波的不光
是移动通信网络！

看见这个路由器上面的天线
了吗？它会发射无线网络信
号，也就是 Wi-Fi 信号。

它能把家里的智能
设备都连在一起！

互联网很复杂?

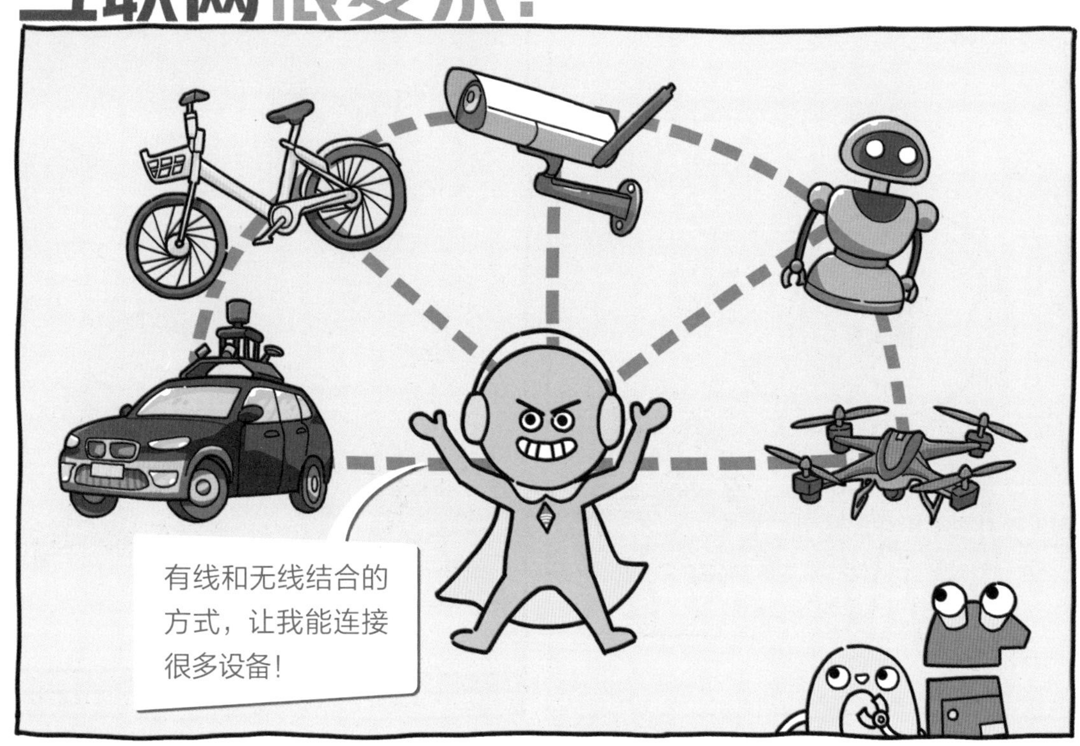

有线和无线结合的方式，让我能连接很多设备!

家里的路由器就是这样连接各种设备的!
它们共同构成了一个小型网络,叫作“局域网”!

家里的局域网又会连接到这栋楼的局域网里——再进一步，是整个小区的局域网。

这个局域网又会连接到整个城市的城域网中。

北京
乌鲁木齐
太原
重庆
骨干网
广州
西安
南京
武汉
杭州
上海
长沙
庞大的城域网，通过骨干网连通其他城市、区域乃至整个国家。
不同的国家又通过国际骨干网连通起来。就这样，互联网连通了全球。

全球
国家
省/市
园区
互联网就是这样一层层扩展的。
真是复杂的层级结构！
它的畅通也需要各种专用设备。
中继器
路由器
服务器
交换机

数据搬家公司，出动！

现在我们可以上网了吧！
稍等！我们还得签个协议！
快点，我们都等不及了！

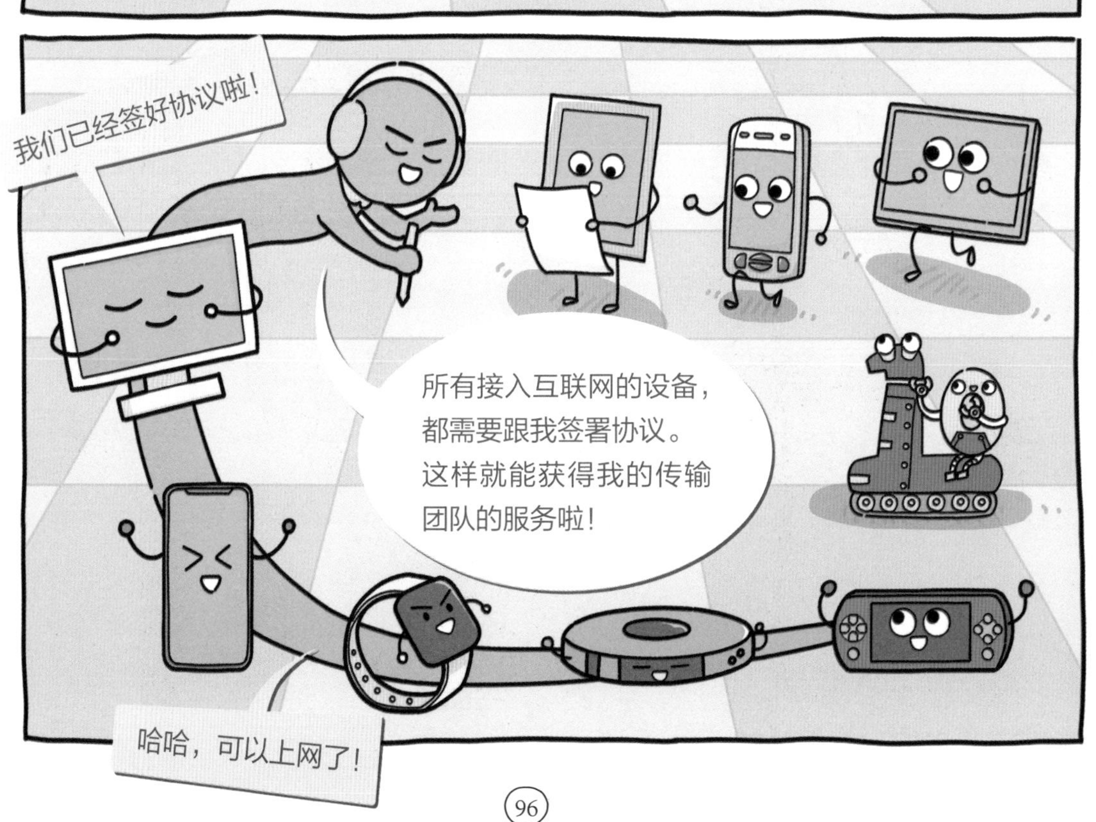
我们已经签好协议啦！
所有接入互联网的设备，都需要跟我签署协议。这样就能获得我的传输团队的服务啦！
哈哈，可以上网了！

当然，我的传输团队
可是非常可靠的！
传输团队？

它们上门服务，在数据发出之前就分门别类地完成打包，方便运输。

大型物件运送很麻烦，
数据就不一样了！
网络上的图片、视频等，
是很庞大的数据！所以
需要分割运输！
可以分割就方便很多了！

有地址，不迷路

贴上标签。
这样就能知道里面装的是什么了！不过这一长串数字是什么意思啊？
发送端 ip：xxx.xxx.xx.xxx
接收端 ip：xxx.xxx.xx.xxx
序列号：xxx

寄件人：XXX
联系方式：XXXXXXX
地址：XXXXXXX
收件人：XXX
联系方式：XXXXXXX
地址：XXXXXXX
这是地址！就像快递单要写清楚快件从哪里来，到哪里去一样！

数字地址吗？
本地连接 状态
常规 支持
连接状态
地址类型：手动配置
IP地址：192.168.1.XX
子网掩码
默认网关
对！它是一个 32 位的二进制数，转换成十进制就是上面这样。

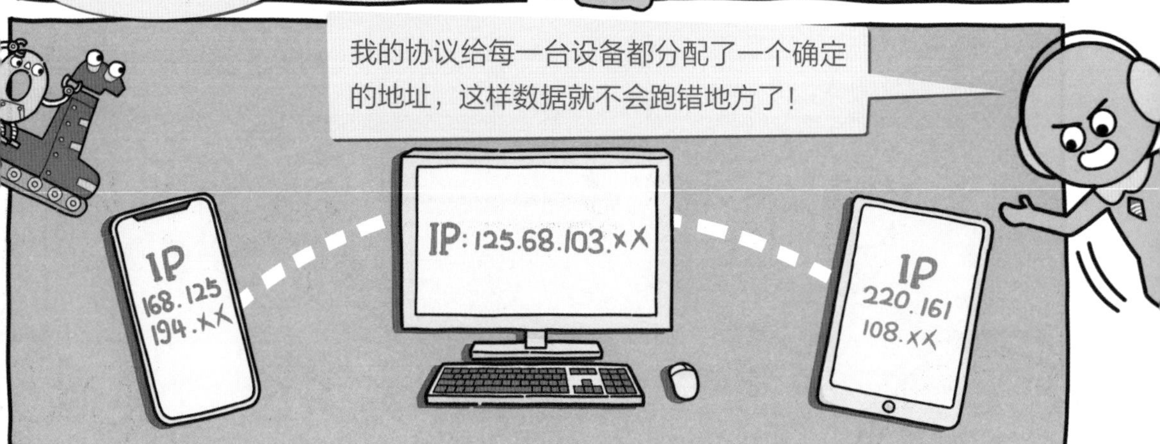
我的协议给每一台设备都分配了一个确定的地址，这样数据就不会跑错地方了！
IP 168.125 194.XX
IP:125.68.103.XX
IP 220.161 108.XX

可以出发了吗！
别着急！发送方和接收方还要进行三次握手呢！

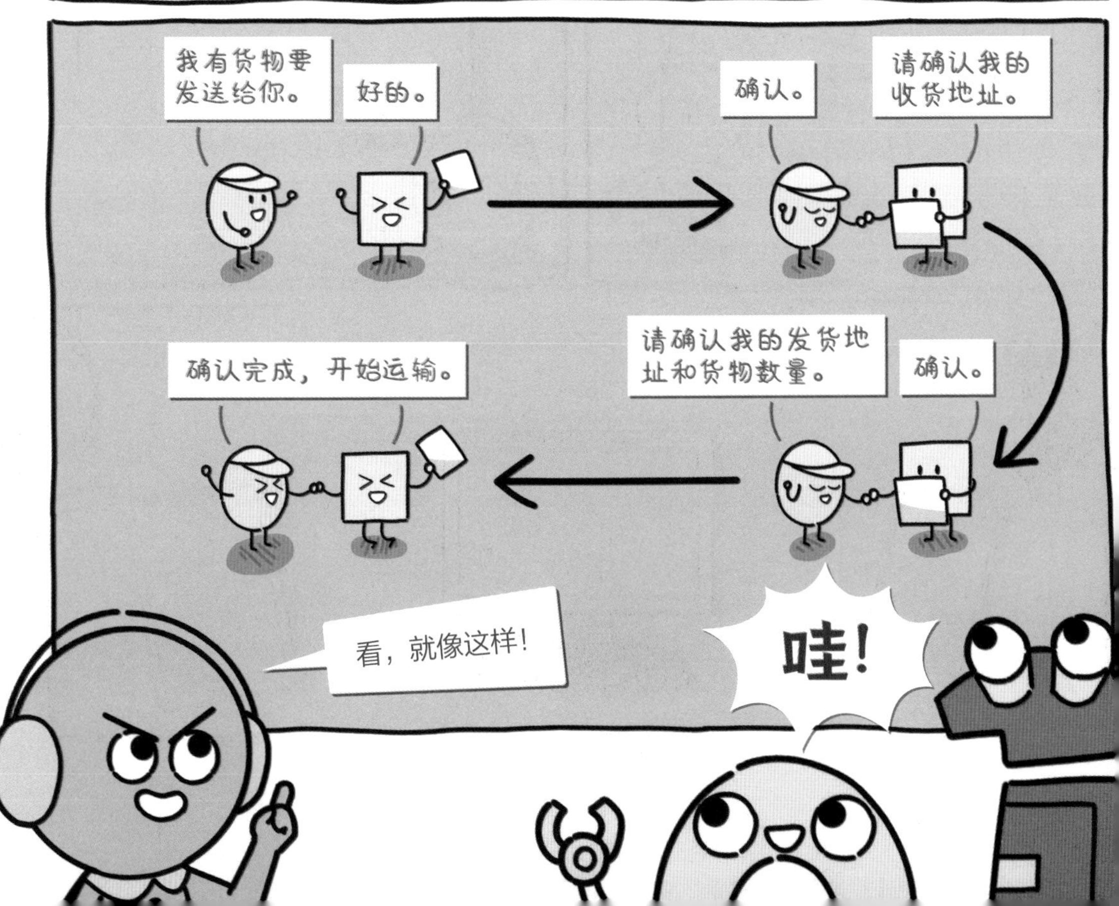
我有货物要发送给你。
好的。
确认。
请确认我的收货地址。
确认。
请确认我的发货地址和货物数量。
确认完成，开始运输。
看，就像这样！
哇！

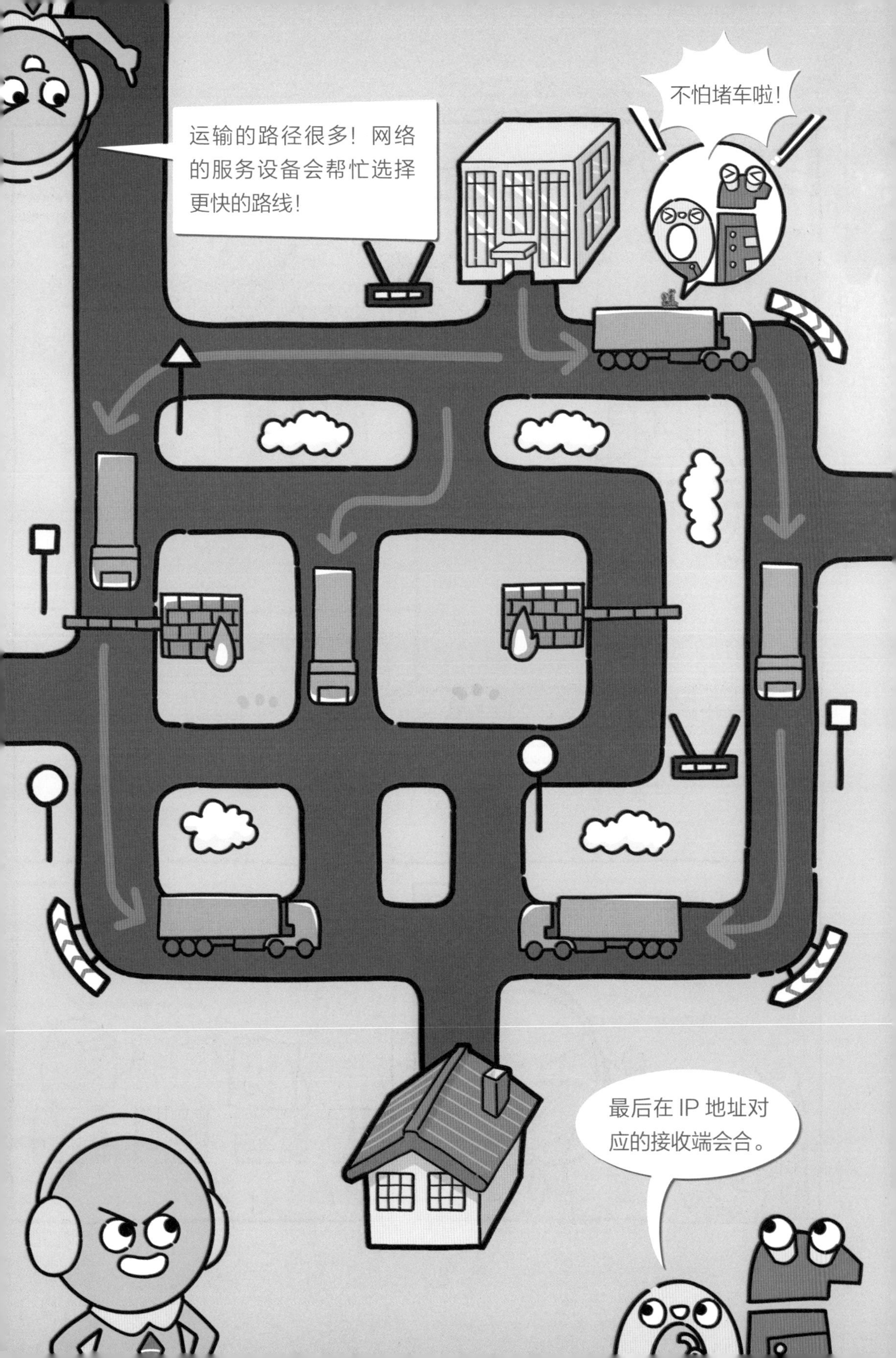
运输的路径很多！网络的服务设备会帮忙选择更快的路线！
不怕堵车啦！
最后在 IP 地址对应的接收端会合。

IP XXX.XXX.XXX.XXX
大家拿好自己的序号，到达后要根据序号排队！

接收方需要清点包裹，跟发送方进行确认。
已将收到的货物全部排序完毕，确认！
收到！

现在就可以开始数据还原啦！
服务真周到！

虽然过程很复杂，但是我的团队处理起来可比快递公司要快多了！
确实挺快的！

购物车（115）
我看上了这顶帽子，
下单买一顶！
¥29.9
总计：¥29.9
结算

购物车（115）
嗬，怎么跑出来
一条虫子？
结算

哎呀！怎么回事？

嗯……手机好像中了蠕虫病毒了。
病毒？
计算机还会生病？

这种蠕虫病毒跟生物学中的
病毒一样，能够自我复制，
还会不停地传染其他计算机。

而且传播速度比真
实病毒还要快！
这么可怕？

还有木马病毒！你知道特洛伊木马吗？
知道！希腊士兵藏在巨大的木马里，被蒙骗的特洛伊人主动将木马拉进城里，最后特洛伊城就被希腊人攻破了！

木马病毒就跟特洛伊木马一样，一旦入侵设备，不仅能窃取数据，还能进行远程操控！

哇，为什么会有
这些可怕的东西?
有些人会用自己掌握的计算
机技术，通过我来入侵别的
计算机，他们俗称“黑客”!

没办法，毕竟谁都能接入互
联网，免不了出现坏人。
也许你在跟外
星人聊天!
也许你的网络好
友是一只狗!

他们还会远程操控多台计算机，给服务器发送大量的无用请求，导致服务器瘫痪。

我的传输环节很多，黑客总能找到漏洞来入侵。
那你就没有办法对付他们吗？

当然有了！不管是手机，还是个人电脑，都可以安装杀毒软件。

看见浏览器地址前面的小锁了吗？
这代表网站服务器和客户交流时的密码锁！

这样黑客就很难窃取到重要数据了！
一千多位密码，由专门的安全协议提供加密服务。

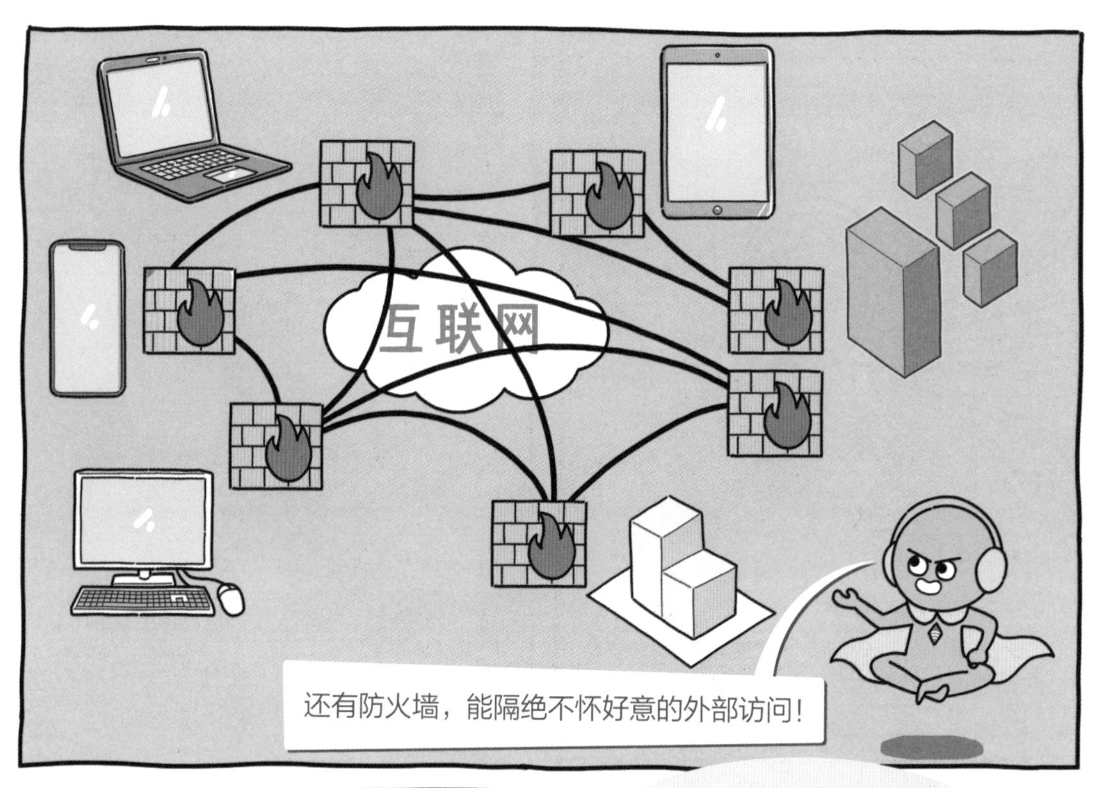
互联网
还有防火墙，能隔绝不怀好意的外部访问！

服务器一般也有专门的安全团队，
随时发现异常、处理故障。

人类享受了我带来的便利，
当然也要保护我的安全啦！

5G 时代

更高效的频段！
5G 时代，
我变得更强了！
4G
5G
频段
更密集的基站！
微基站
宏基站
传输速度
4G
5G
网络延时
4G
5G
快速、稳定、大容量，
真是升级了！
连接更多设备！

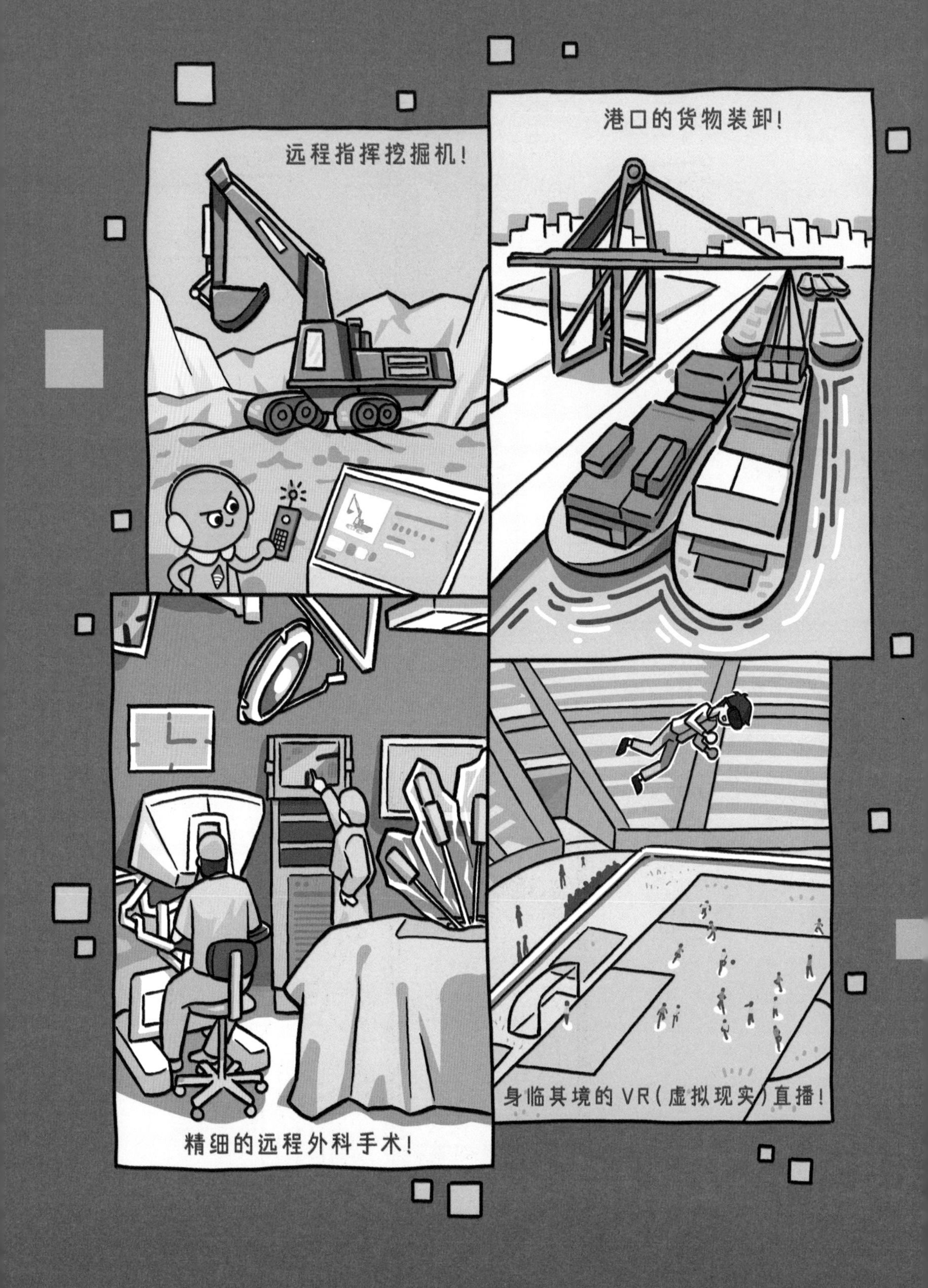
远程指挥挖掘机！
港口的货物装卸！
精细的远程外科手术！
身临其境的VR（虚拟现实）直播！

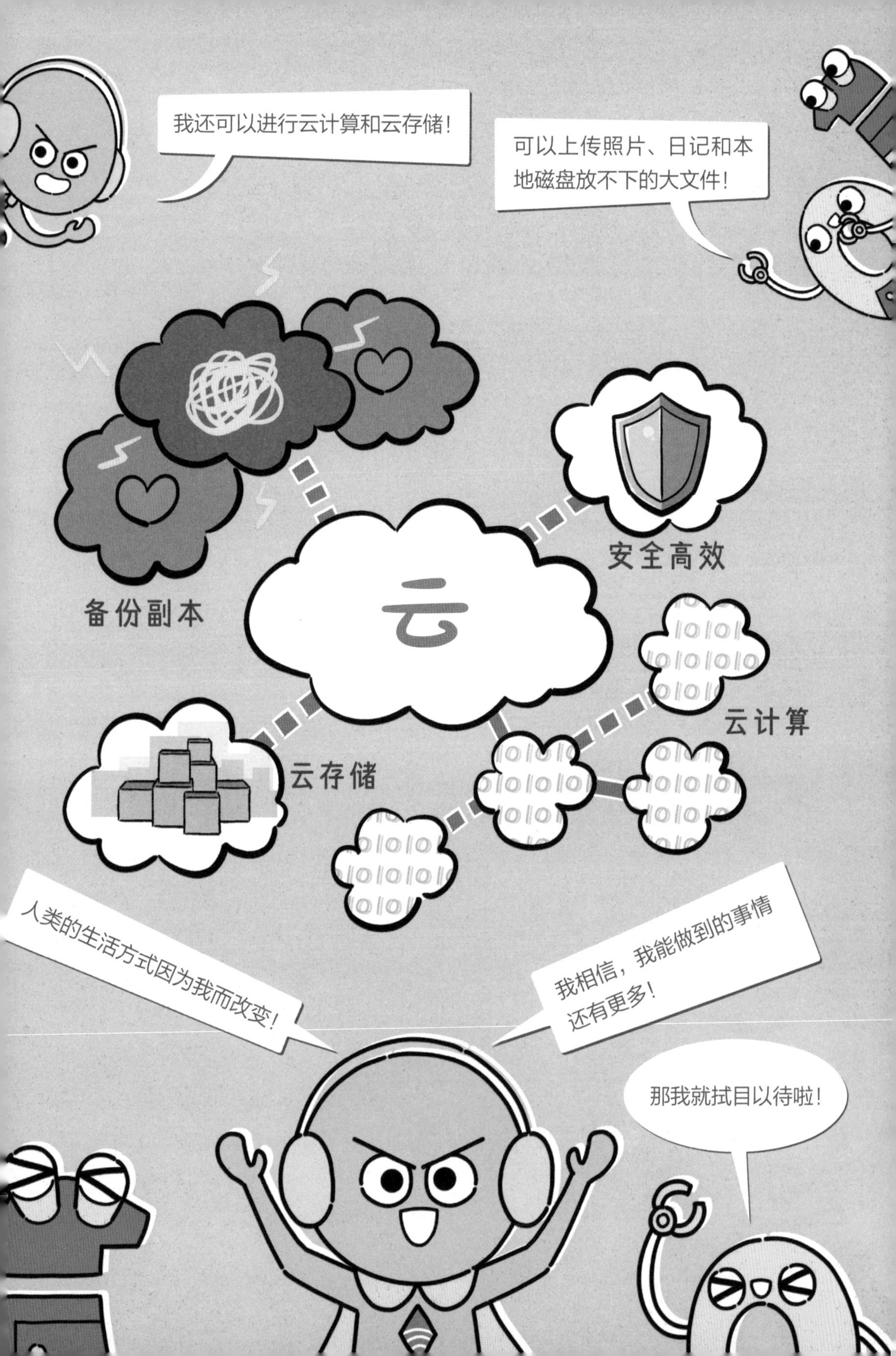
我还可以进行云计算和云存储！
可以上传照片、日记和本地磁盘放不下的大文件！
备份副本
安全高效
云
云计算
云存储
人类的生活方式因为我而改变！
我相信，我能做到的事情还有更多！
那我就拭目以待啦！

关于互联网，还有……

互联网是怎么诞生的？

60多年前，美国军方想要建立一个在核爆之后还能工作的通信网络，就采用了多点网状结构，将军方的多个大型计算机连接起来。这就是互联网的前身，阿帕网（ARPA）。后来美国各大高校和科研机构的大型计算机也接入阿帕网，进行数据共享。到了20世纪90年代，互联网投入商用，从此开始“全速”扩大。

接入互联网就要签协议？

虽然叫协议，它并不是常见的那种需要双方在纸上签字的协议，而是一种数据传输的模式，所有接入互联网的设备都默认使用这种传输模式。它包含多个协议，这些协议被称为TCP/IP。TCP/IP是互联网高速传输数据的软件基础。

在互联网上还有哪些安全风险？

不法分子的花招很多。比如用假的登录界面伪装你本来想要访问的界面，套取你的账号和密码；或是将自己的无线网络伪装成普通无线网络（比如餐馆、咖啡厅或者商场的网络），一旦你的设备接入这个无线网络，使用数据就会被对方一览无遗。所以不要轻易点击陌生链接或是连接陌生的Wi-Fi网络。

04
未来新世界
IT'S COMPUTER

更快更安全

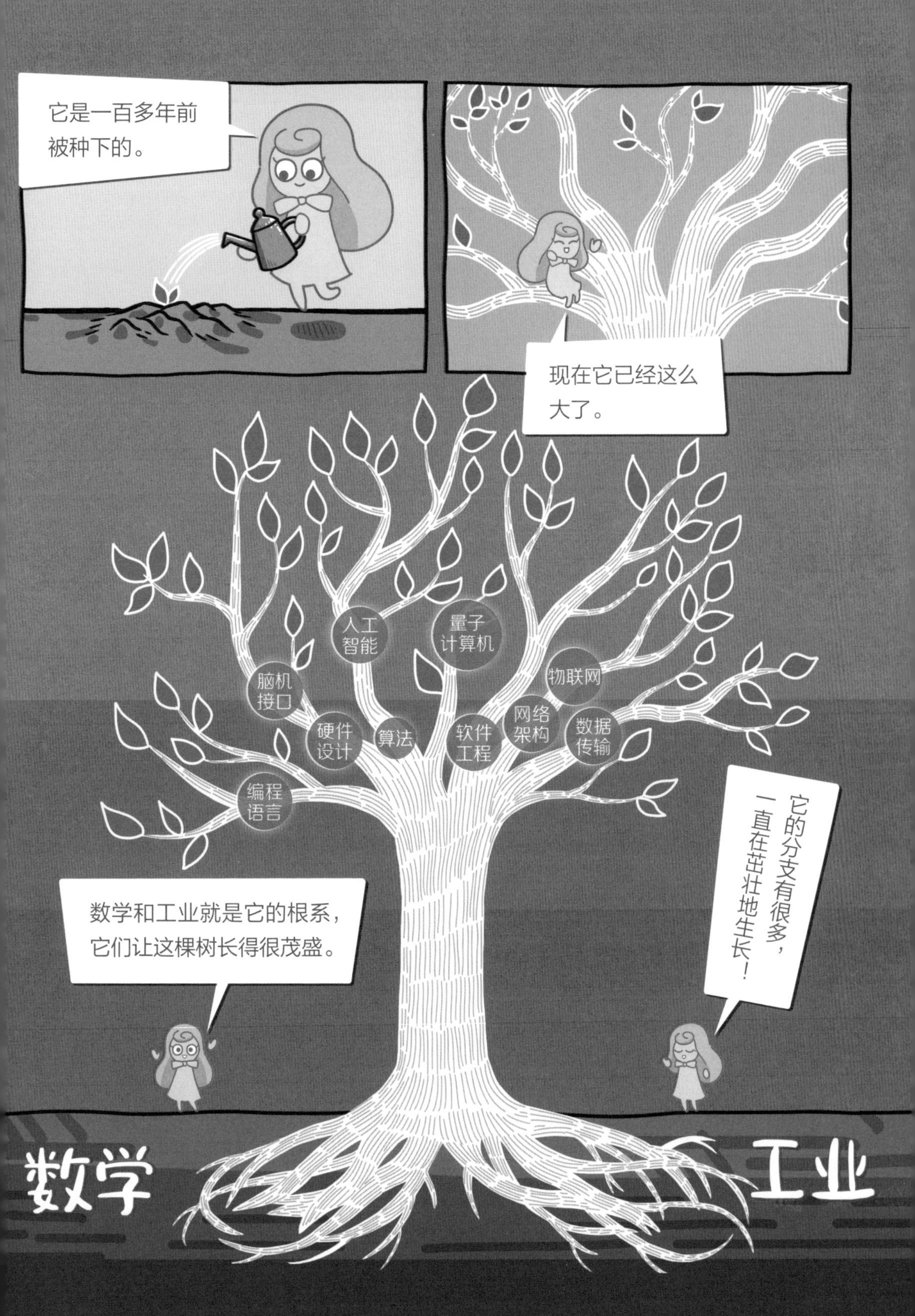

它是一百多年前被种下的。
现在它已经这么大了。
人工智能
量子计算机
脑机接口
物联网
硬件设计
算法
软件工程
网络架构
数据传输
编程语言
它的分支有很多，一直在茁壮地生长！
数学和工业就是它的根系，它们让这棵树长得很茂盛。
数学
工业

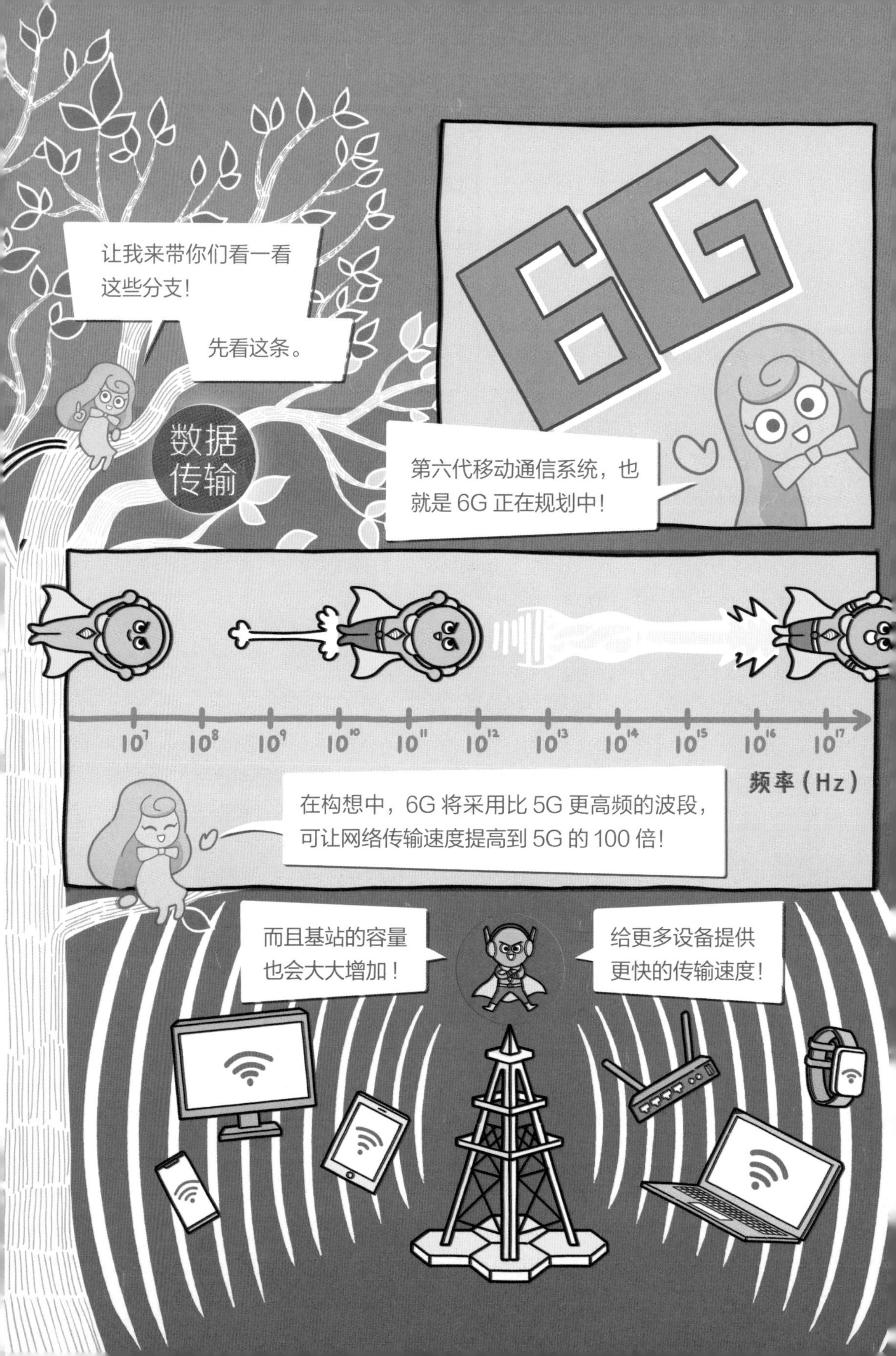
让我来带你们看一看
这些分支！
先看这条。
数据
传输
6G
第六代移动通信系统，也
就是 6G 正在规划中！
10⁷ 10⁸ 10⁹ 10¹⁰ 10¹¹ 10¹² 10¹³ 10¹⁴ 10¹⁵ 10¹⁶ 10¹⁷
频率（Hz）
在构想中，6G 将采用比 5G 更高频的波段，
可让网络传输速度提高到 5G 的 100 倍！
而且基站的容量
也会大大增加！
给更多设备提供
更快的传输速度！

还有由低空卫星组成的“星链”，覆盖范围非常宽广，几乎包裹了整个地球。
不论身在高空中的飞机上，
还是远离陆地的游轮中，
都可以通过“星链”流畅地使用网络！

以往光信号主要在专用通道——光纤中传输。
现在光信号有望自由“奔跑”了。
给家里的 LED 灯装上特制的微芯片，在光照范围内都可以畅享网络！
每秒闪烁数百万次，传输超大数据量！
比 Wi-Fi 速度更快、能耗更低！

当距离更远时，我们使用激光。
专门的大功率激光发射器可传输大量数据，这样就不需要再铺设长长的光纤了！
它可以使用地面装置，
也可以使用高空卫星。
数据传输速率再次得到全面提升！
全球直达！
闪电速度！

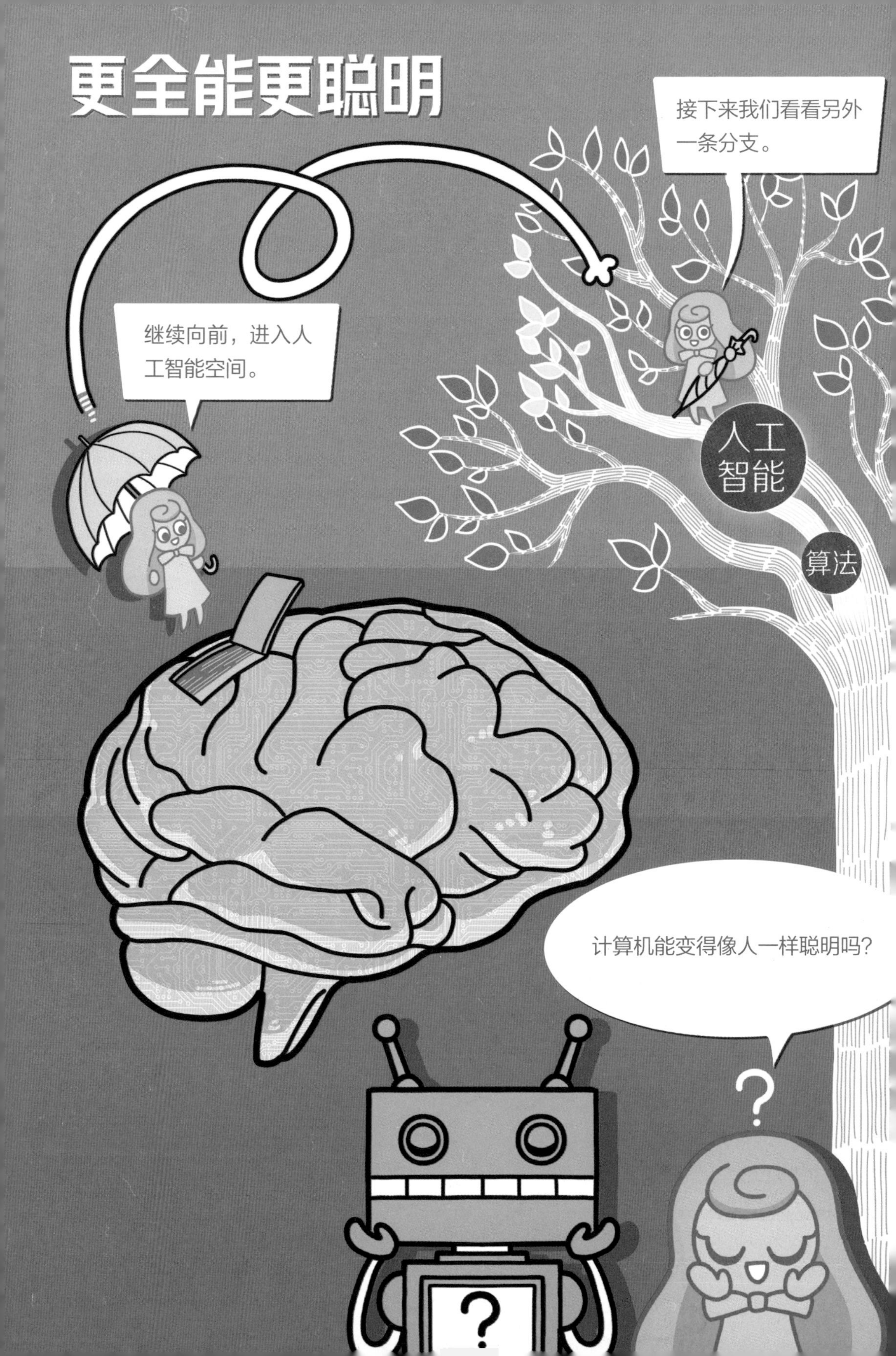
更全能更聪明
接下来我们看看另外一条分支。
继续向前，进入人工智能空间。
人工智能
算法
计算机能变得像人一样聪明吗？

现在人工智能很常见。

我今天该穿什么呀？
今日气温为 18~31℃，
穿衣指数二级，你可以穿
短袖 T 恤和薄长裤哦！

我想要哥斯拉！
请移步四楼的超级玩具
连锁店，那里有多种哥
斯拉模型供您挑选。

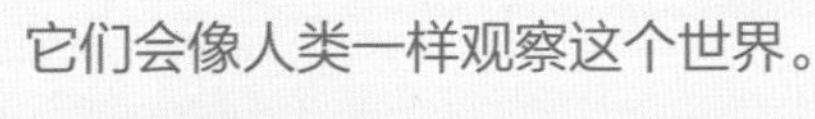

它们会像人类一样观察这个世界。

发现危险情况！
嘀嘀嘀嘀嘀嘀！！

人工智能还能快速筛选数据。
我们现在制造的数据太多了！
按价格
按时间
BUY
人工智能可以快速筛选出你想要的数据。
哇，好酷！我喜欢！

它们是怎么做到的呢？让我们先来看看人类的大脑。
大脑皮层有 140 亿个神经细胞！
它们高速传递各种信息，让人类能进行认知和判断。
这种信息传递和判断的速度非常快！
兔子！
超快识别！

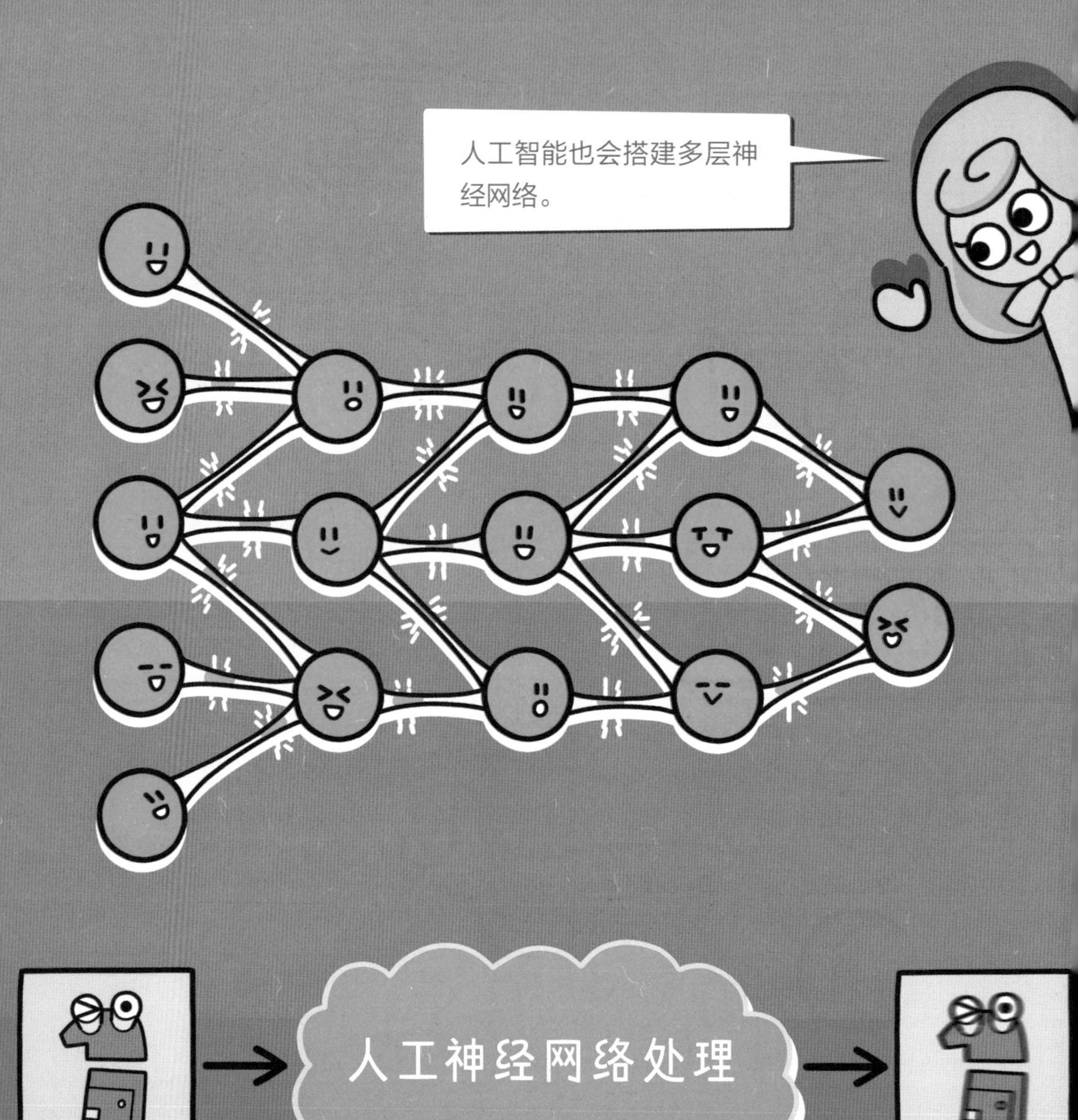
人工智能也会搭建多层神经网络。

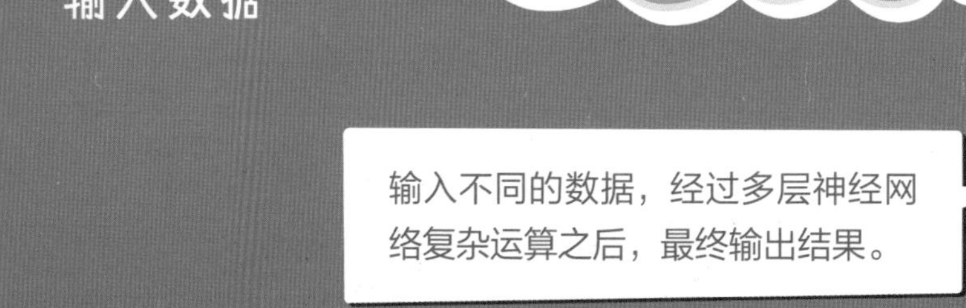
输入数据
人工神经网络处理
输出结果

输入不同的数据，经过多层神经网络复杂运算之后，最终输出结果。

就像小朋友要学习才能进步一样，人工神经网络也需要大量学习，才能提高性能。
它们读取海量图片、文本时，速度非常快，学习效率也很高。

未来的人工智能不仅可以作诗、写作，还可能像真人一样和你交流。
接下来的步骤请不要走神!
它可能会成为一个几乎能回答所有问题的超级老师，为无数人量身定制学习计划!
也有可能成为一个超级医生，比经验最丰富的人类医生还要厉害!
轻微过敏，症状将于24小时内消失，其他正常!

连接一切

我们现在去看看物联网这条分支！
物联网
网络架构
超快的数据传输速度和强大的人工智能，让计算机之间的联系更紧密，计算机的反应更迅速。

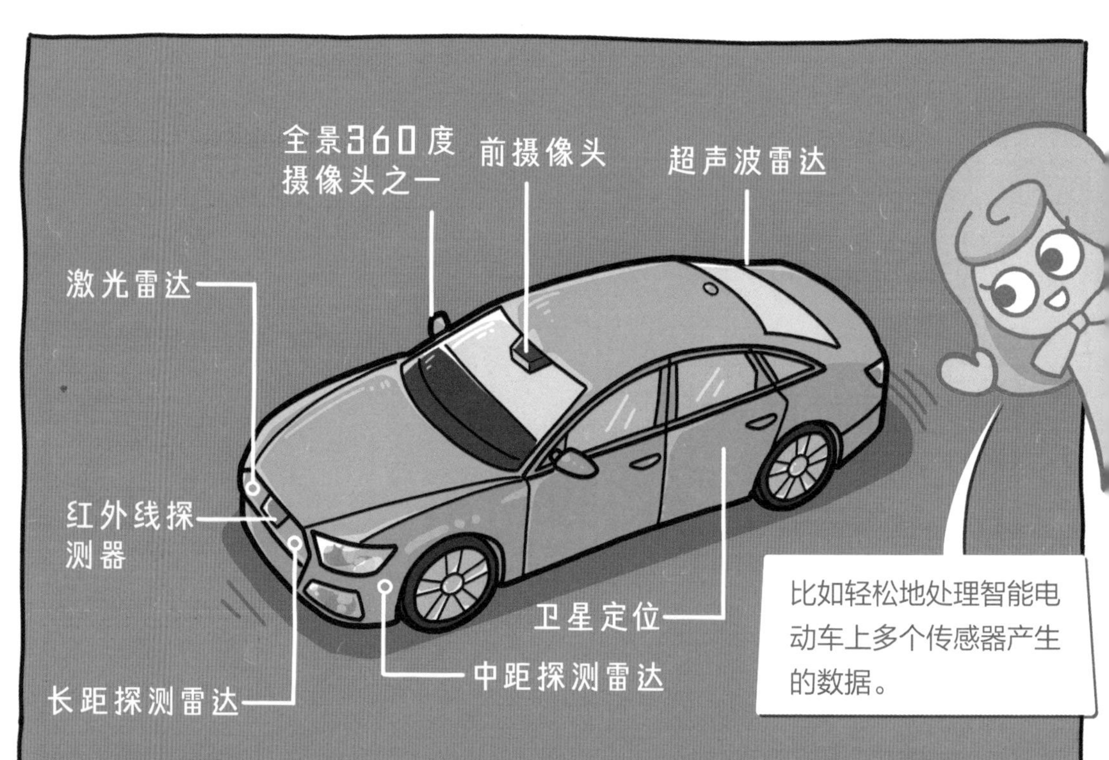
全景360度
摄像头之一
前摄像头
超声波雷达
激光雷达
红外线探测器
卫星定位
长距探测雷达
中距探测雷达
比如轻松地处理智能电动车上多个传感器产生的数据。

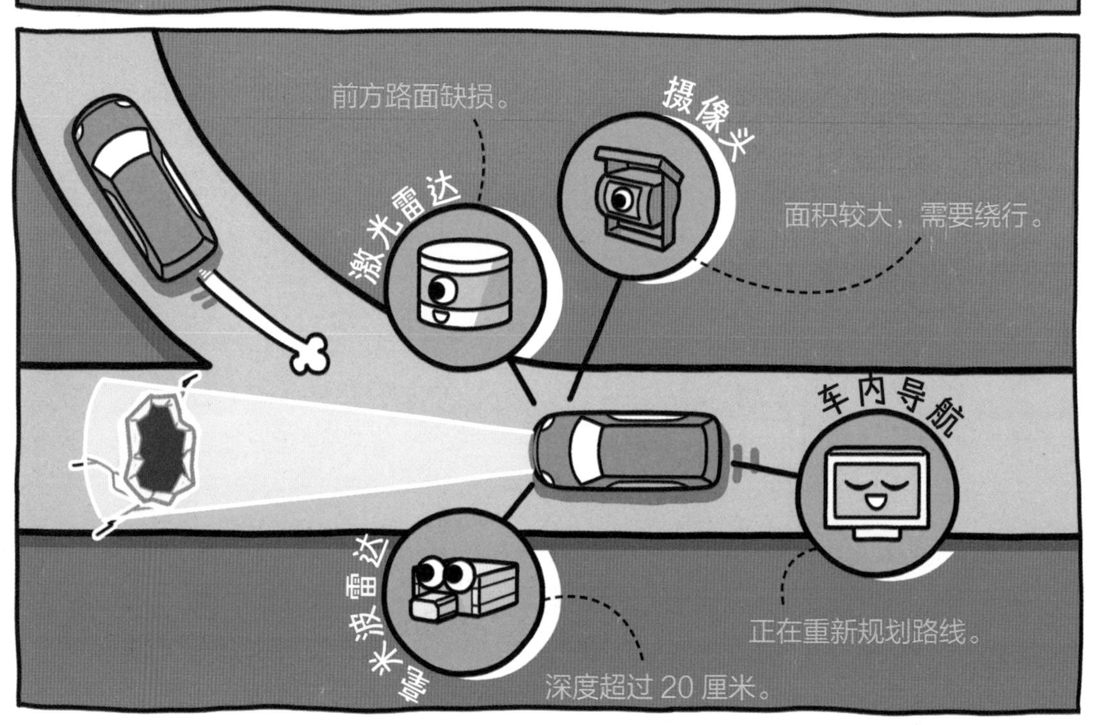
前方路面缺损。
摄像头
激光雷达
面积较大，需要绕行。
车内导航
毫米波雷达
正在重新规划路线。
深度超过 20 厘米。

主人回来啦！都动起来！
让你的房子更『聪明』。

让城市的交通更加畅通。
下班高峰即将到来，潮汐车道调整！导航注意提醒驾驶人员避开拥堵路段！

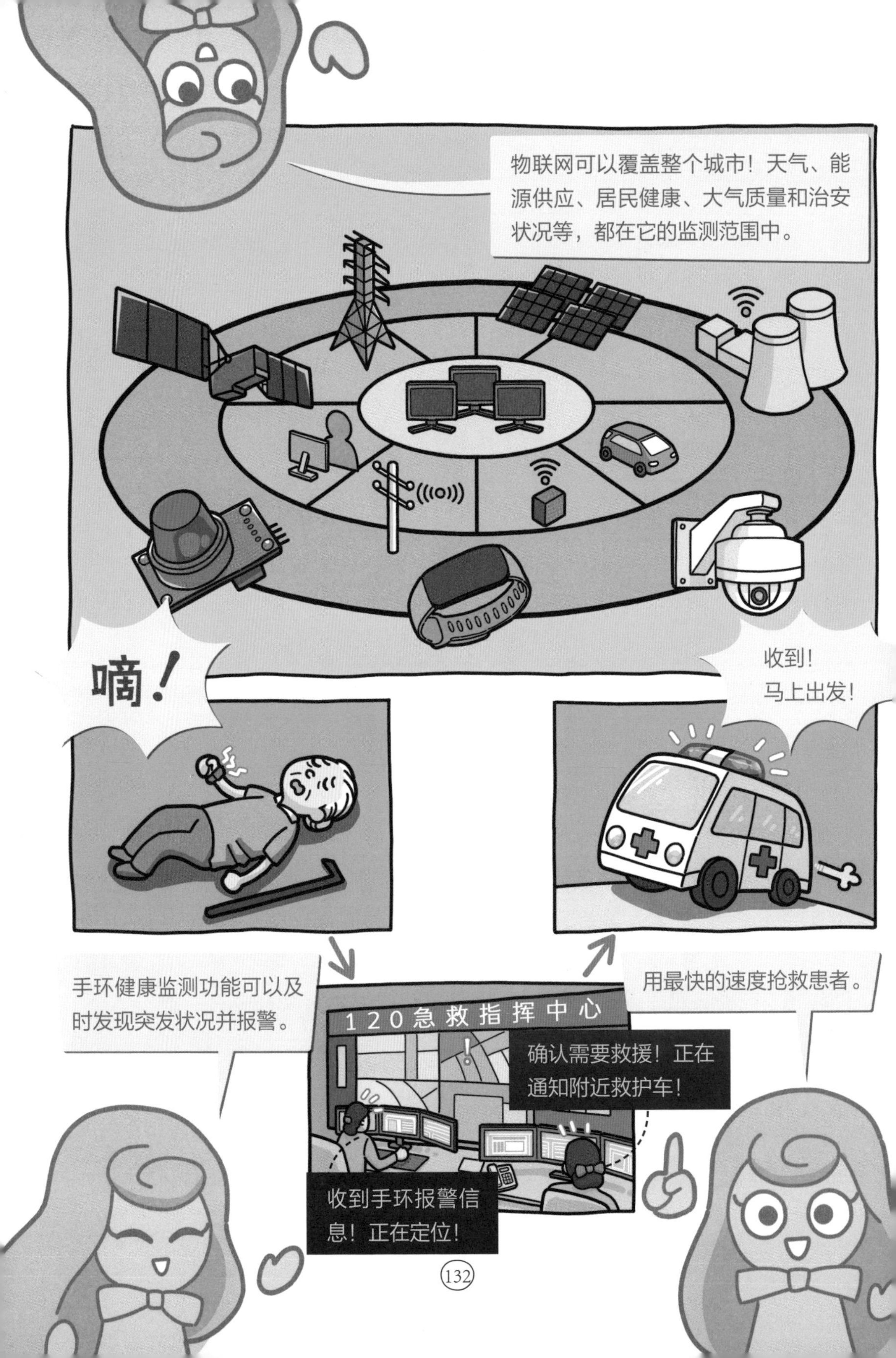
物联网可以覆盖整个城市！天气、能源供应、居民健康、大气质量和治安状况等，都在它的监测范围中。
嘀！
收到！
马上出发！
手环健康监测功能可以及时发现突发状况并报警。
120急救指挥中心
确认需要救援！正在通知附近救护车！
收到手环报警信息！正在定位！
用最快的速度抢救患者。

这些数据还可以互通。

未来一周内将降温10℃以上！
取暖用电量将大幅增加。

收到！正在进行测算，
调整下周发电量。

检票口
车票销售情况统计中
本市即将迎来小长假客流高峰！

XXX景区
收到！预约和限流程序已启动！

开心旅馆
已做好迎接准备！

派出所
已安排加派导流人员！

云中大数据
居民健康监测
污染监测
物联网让一个城市成为整体，变得更智慧。
自然灾害监测
治安监测
能源管理

想当超人吗?

物联网不仅让不同的设备紧密连接，计算机也跟人类更亲近了。

脑机接口实现了计算机与人类大脑之间更直接的信息交流。

脑机接口

目前最成功的脑机接口应用是人工耳蜗。

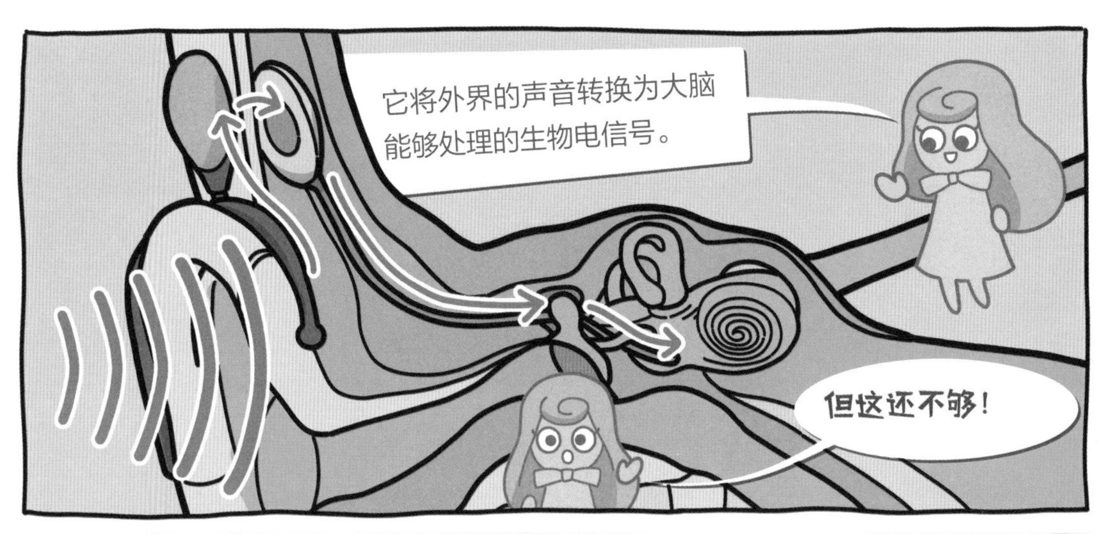
它将外界的声音转换为大脑能够处理的生物电信号。
但这还不够！

计算机希望能做得更多，比如仿生手臂（假肢）！

手臂里的芯片能读取肌肉提供的电信号，让假肢做出各种复杂动作。

机械外骨骼让双腿不便的人能重新站立行走。
计算机还尝试『翻译』光信号并传递给大脑，来帮助盲人获取信息。

将许多条像头发丝一样细的电极接入大脑皮层，就能让瘫痪病人指挥计算机，帮忙收发邮件、选择电视频道，还能玩游戏！
计算机也在积极地尝试用非侵入的方式来读取人类的思维。
是不是很酷？

未来交流将变得更准确、更轻松。比如作家不用再打字，而是直接用脑电波输入文字！

只要产生喝果汁的念头，机器人就会为你送上鲜榨果汁！

奔向太空

如果未来人类想在地球之外建立定居点，以上这些技术都必不可少！
氧含量正常！
多种内部传感器监测居住环境，保证安全舒适。
有害射线隔绝正常！
污染度低于标准！
温度正常！
特大沙尘暴 48 小时预警，做好准备！
卫星和外部传感器能预测各种灾害发生的情况。
地表活动正常，无火山喷发迹象！

探测车能代替人类去危险的地方探测。
2021年5月15日，我国在火星上成功投放了探测车，它叫“祝融号”！这可是探索太空的重要一步！
计算机还可以控制体型超大的太阳能电池板和各种采矿车。
只要技术一直进步，“移民外星”并不是太遥远的事情！
机械外骨骼能保证人类移动迅速。

量子未来

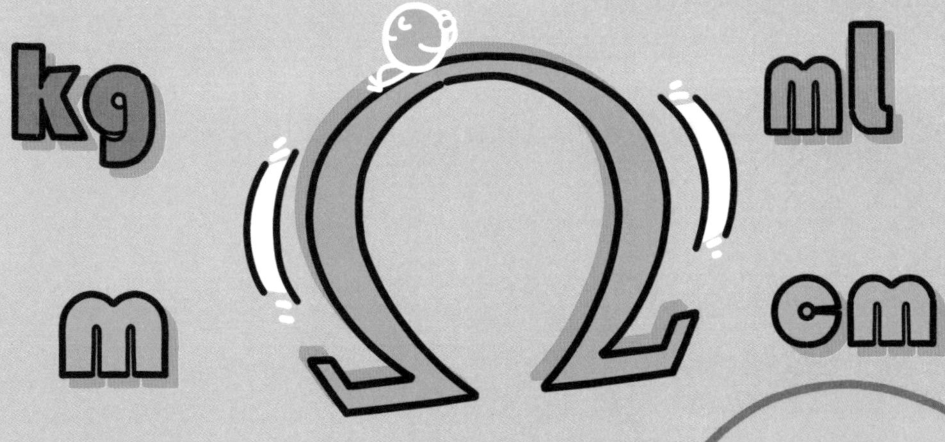

mol

量子并不是一种实际的物质，
而是一个计量单位。

比如我把这
束光分割开。

一直分割，
一直分割……

直到小到再也分割不了。

这就是光量子啦。

量子是一个非常非常小
的计量单位。比细胞小。
比分子小。
比原子还要小。
细胞
分子
原子
量子

它们虽然小，
但非常活泼！

也有各种奇妙的特性。

比如捉摸不定的超快变身——在同一个时间里，它可以既是0，又是1。
10

我向上飞！
那我肯定向下落！
比如心灵感应——不管相隔多远，都能感受到朋友的变化！

它们甚至还能穿透障碍！

这些奇妙的特性如果用来解决问题，要比现在的计算机快很多！
有些问题连超级计算机都要一万年才能解决，量子计算机可能一分钟就完成了！

这些小家伙的心灵感应本领，也会让人类的通信变得更快速、更安全。

目前我们已经有了量子计算机的原型机，它可以展示在完成某些特定任务时的高效率。
这是很关键的一步！

虽然这些小家伙暂时还发挥不了更大的作用，但未来一定会带给我们惊喜！
计算机逐渐扎根在人类的生活中。

相信在未来，它会长得更加茁壮。
带给人类无限可能！

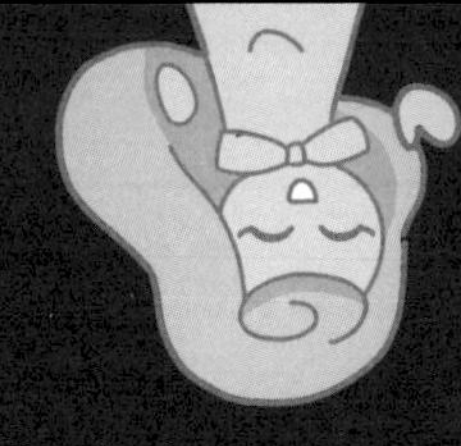

关于计算机科学，还有……

人工智能真的比人还聪明吗？

1997 年，计算机击败了国际象棋世界冠军。2017 年，计算机击败了围棋世界冠军。在有特定规则的项目中，人工智能的确可以靠强大的算力胜过人类。在机器学习方面，人工智能读取数据的速度也是人类望尘莫及的。但在需要想象力和创造力的领域，人工智能还远达不到人类的水准。

为什么需要量子计算机呢？

现在芯片内的晶体管已经非常微小了。过小的晶体管会带来很多不确定性，比如量子隧穿效应——它会导致芯片失效。硅基芯片的发展看起来已经触到了天花板。科学家们正在探索不同的途径，让计算机能够继续进化。量子计算机就是重要的探索方向之一。从埃达·洛夫莱丝提出编程的概念，到真正的电子计算机出现，中间隔了一个世纪。伟大的理论从提出到真正改变人们的生活也是需要时间的，让我们一起期待吧！

作者团队

米莱童书 | 米莱童书 点亮孩子的未来

由国内多位资深童书编辑、插画家组成的原创童书研发平台，2019“中国好书”大奖得主、桂冠童书得主、中国出版“原动力”大奖得主。是中国新闻出版业科技与标准重点实验室（跨领域综合方向）授牌的中国青少年科普内容研发与推广基地，曾多次获得省部级嘉奖和国家级动漫产品大奖荣誉。团队致力于对传统童书阅读进行内容与形式的升级迭代，开发一流原创童书作品，使其更加适应当代中国家庭的阅读需求与学习需求。

策 划 人： 周　葛　刘润东

创作编辑： 陈景熙

统筹编辑： 徐其梅　陈景熙

指导专家： 郑纬民

中国工程院院士，清华大学计算机系教授，中国计算机学会原理事长，数博会专家咨询委员会委员，何梁何利基金科学与技术进步奖获得者，中国存储终身成就奖获得者。长期从事计算机系统结构、大规模数据存储、高性能计算等领域的科研教学工作。获国家科技进步奖一等奖 1 次，获国家科技进步奖二等奖 2 次，获国家技术发明奖二等奖 1 次。

赵昊翔

南京大学计算机系硕士，硅谷著名 IT 公司技术经理。

绘 画 组： 杨　子　周恩玉　范小雨

美术设计： 张立佳　刘雅宁　马司雯　汪芝灵

图书在版编目（CIP）数据

画给孩子的编程书 / 米莱童书著绘. -- 北京 : 北京理工大学出版社, 2024.4

（启航吧知识号）

ISBN 978-7-5763-3418-0

Ⅰ. ①画… Ⅱ. ①米… Ⅲ. ①程序设计—少儿读物 Ⅳ. ①TP311.1-49

中国国家版本馆CIP数据核字(2024)第012173号

出版发行 / 北京理工大学出版社有限责任公司
社　　址 / 北京市丰台区四合庄路 6 号
邮　　编 / 100070
电　　话 / （010）82563891（童书售后服务热线）
网　　址 / http: //www. bitpress. com. cn
经　　销 / 全国各地新华书店
印　　刷 / 北京尚唐印刷包装有限公司
开　　本 / 710毫米 × 1000毫米　1 / 16
印　　张 / 9.5
字　　数 / 250千字
版　　次 / 2024年4月第1版　2024年4月第1次印刷
定　　价 / 38.00元

责任编辑 / 张　萌
文案编辑 / 徐艳君
责任校对 / 刘亚男
责任印制 / 王美丽

图书出现印装质量问题，请拨打售后服务热线，本社负责调换